U0238672

罗山【常见生物图谱】

种子植物
动物
大型真菌

刘言龙　杨云霞　王玉春　主编

山东大学出版社
SHANDONG UNIVERSITY PRESS

·济南·

图书在版编目（CIP）数据

罗山常见生物图谱 / 刘言龙 , 杨云霞 , 王玉春主编
. — 济南 : 山东大学出版社 , 2024.2
ISBN 978-7-5607-8177-8

Ⅰ . ①罗… Ⅱ . ①刘… ②杨… ③王… Ⅲ . ①自然保
护区 – 野生动物 – 同心县 – 图谱②自然保护区 – 野生植物
– 同心县 – 图谱 Ⅳ . ① Q958.524.34-64
② Q948.524.34-64

中国国家版本馆 CIP 数据核字 (2024) 第 051711 号

责任编辑　宋亚卿
封面设计　张　荔

罗山常见生物图谱
LUOSHAN CHANGJIAN SHENGWU TUPU

出版发行　山东大学出版社
社　　址　山东省济南市山大南路 20 号
邮　　编　250100
电　　话　（0531）88363008
经　　销　新华书店
印　　刷　山东蓝海文化科技有限公司
规　　格　787 毫米 ×1092 毫米　1/16
　　　　　20.25 印张　325 千字
版　　次　2024 年 2 月第 1 版
印　　次　2024 年 2 月第 1 次印刷
定　　价　158.00 元

前　言

　　招远罗山省级自然保护区（下文简称"罗山保护区"）位于招远市北部，于2007年经山东省人民政府批准成立，总面积94.8平方千米，包括罗山、马山、青山、阜山、崮山、会仙山，是大沽河的发源地，界河的主要汇水区。该保护区主要保护对象为天然赤松林及原生地、森林生态系统及水源地、野生动植物资源、生态旅游资源。保护区内植被茂盛、生物资源丰富，森林覆盖率在90%以上。

　　为了更好地研究罗山保护区内的生物资源种群、数量及分布情况，自2019年始，招远罗山省级自然保护区管理服务中心与鲁东大学张萍团队、王晓安团队和刘宇团队一起，历时3年，对保护区内的植物、动物、菌类资源进行了综合调查，实地调查鉴定种子植物625种、动物423种、大型真菌189种，拍摄各类照片1万余张。

　　根据调查成果，我们选择具有代表性、典型性、特有性的物种，编写了这本《罗山常见生物图谱》。本书分为种子植物、动物、大型真菌三部分，采用图文并茂的形式，既一目了然，又通俗易懂，为读者打开了一扇探查自然景观、洞察生物奥秘的窗户。

　　《罗山常见生物图谱》的出版发行，目的在于向社会大众普及生物多样性的有关知识，提高公众生物多样性保护意识，营造全民参与生物多样性保护氛围，也期望能为招远的生物多样性研究和生态保护提供有益参考。

　　随着"绿水青山就是金山银山"的理念不断深入，尊重自然、顺应自然、保护自然已成为全社会的共识。让我们携手共进，坚持走生态良好的文明发展道路，加快推进人与自然和谐共生的现代化。

　　本书在编写过程中，得到了鲁东大学张萍教授、王晓安教授、王建瑞教授，青岛农业大学初庆刚教授的悉心指导和帮助，在此致以最诚挚的感谢！

　　由于编者水平有限，书中疏漏之处在所难免，敬请各位读者批评指正。

编　者

2023年7月

目　录

动物

大型真菌

种子植物

罗山保护区内独特的地理条件使其具有完整的森林生态系统，拥有丰富的植物资源。

通过对种子植物的类群、数量及分布情况进行调查发现，罗山保护区内共有种子植物 625 种（含种下等级），隶属于 99 科、356 属，其中裸子植物 4 科、8 属、11 种，被子植物 95 科、348 属、614 种，整体呈现出"三多"的特点：

一是乡土野生种子植物种类多。自然生长的野生种子植物（含逸生和栽培时间长、能自然更新的，如刺槐）共有 87 科、314 属、547 种，分别占总数的 87.9%、88.2%、87.5%。

二是珍稀濒危种子植物种类较多。保护区内珍稀濒危植物共有 29 种，其中野生植物 24 种（国家级 9 种、省级 15 种），引种栽培植物 5 种（均为国家级）。野生植物中，列入国家重点保护野生植物名录的 7 种，分别为软枣猕猴桃、紫椴、山茴香、天南星、穿龙薯蓣、无柱兰和羊耳蒜；列入国家珍贵树种名录的有刺楸和朝鲜槐 2 种。

三是野生经济植物资源多。保护区内具有药用价值的植物最多，如罗布麻、紫草、朝鲜苍术、黄花蒿、拐芹、拳参等；可用作饲料和饲料添加剂的植物有芦苇、鹅观草、狗尾草、构树等；观赏类植物有迎红杜鹃、花木蓝、大花溲疏、野蔷薇、水榆花楸、华北绣线菊等；野生食用植物中，蔬菜类的有长蕊石头花、茵陈蒿、蒲公英、中华苦荬菜、华东菝葜等，果实类的有毛樱桃、茅莓、软枣猕猴桃、华蔓茶藨子、蒙桑等；材用植物有麻栎、栓皮栎、臭椿等；蜜源植物有刺槐、大花溲疏、荆条、紫椴等。

本部分收录了罗山保护区内分布广泛或经济价值较高的种子植物，共计 85 科、250 属、326 种，简要描述了其特征，有些种还标注了本地俗名和主要用途。

银杏纲

> 银杏纲（Ginkgopsida）属裸子植物门，落叶乔木。叶为单叶，扇形，具长柄。球花单性，雌雄异株。种子核果状。本纲现仅存银杏科的银杏1个种，为世界著名的子遗植物。

银　杏

拉丁学名： *Ginkgo biloba* L.

所属科属：银杏科 Ginkgoaceae **银杏属** *Ginkgo*

　　简要特征： 落叶乔木，高可达40米，胸径可达4米。树皮浅灰至灰褐色，纵裂。长枝灰色，短枝黑灰色，短枝上密被叶痕。叶扇形，在一年生长枝上螺旋状散生，在短枝上呈簇生状，秋季变黄。球花单性，雌雄异株，雄花柔荑花序状，下垂；雌球花具长梗，梗端常分2叉。种子近球形，外被白粉，俗称"白果"。花期3~4月，种子9~10月成熟。银杏为我国特有树种，树形优美，可作观赏树、行道树，种子可食用及药用。

银杏雌球花

银杏植株　　　　　　　　银杏果　　　　　　　银杏雄球花

松柏纲

松柏纲（Coniferopsida）属裸子植物门，常绿或落叶乔木或灌木。茎多分枝，有长枝和短枝之分；叶单生或成束，可呈条形、钻形、针形、鳞形或披针形。花单性，雌雄异株或同株。球果的种鳞成熟时张开，种子核果状或坚果状。本纲分布范围较广，是我国目前开发利用的主要森林树种。

赤 松

本地俗名：老头松

拉丁学名：*Pinus densiflora* Siebold & Zucc.

所属科属：松科 Pinaceae 松属 *Pinus*

　　简要特征：常绿乔木，高可达 30 米，胸径可达 1.5 米。树冠常呈伞状；树皮呈橘红色，呈不规则鳞块状开裂、脱落；冬芽红褐色；枝轮生，平展；针叶 2 针一束。雄球花淡红黄色，圆筒形；雌球花淡红紫色。球果卵圆形，成熟时暗黄褐色，种鳞张开。花期 4~5 月，球果次年 9~10 月成熟。

赤松花序

赤松植株

赤松球果

黑 松

拉丁学名： *Pinus thunbergii* Parl.

所属科属： 松科 Pinaceae 松属 *Pinus*

  简要特征： 常绿乔木，高可达 30 米，胸径可达 1.5 米。树冠常呈宽圆锥状或伞状；树皮灰黑色，块状脱落；冬芽银白色；枝条开展；针叶粗硬，2 针一束。雄球花淡红褐色，圆柱形；雌球花淡紫红色，卵圆形。球果成熟时褐色，圆锥状卵圆形，有短梗，常向下弯垂。花期 4~5 月，球果次年 10 月成熟。

黑松植株

黑松芽

黑松花序

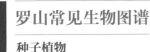
杉（shā）木

拉丁学名： *Cunninghamia lanceolata* (Lamb.) Hook.

所属科属：柏科 Cupressaceae 杉木属 *Cunninghamia*

　　简要特征： 常绿乔木，高可达 25 米，胸径约 0.8 米。树皮灰色，呈薄片状开裂；冬芽褐色，近球形；小枝下垂；叶窄条形，先端尖锐，坚硬，在侧枝上排成两列。雄球花卵圆形，有梗，常下垂；雌球花和幼果淡紫色，卵状矩圆形。球果卵状矩圆形，成熟后种鳞张开。花期 4 月，球果 10 月成熟。

杉木球果　　　　　　　　　杉木植株

侧　柏

本地俗名：片松

拉丁学名： *Platycladus orientalis* (L.) Franco

所属科属：柏科 Cupressaceae 侧柏属 *Platycladus*

　　简要特征： 常绿乔木，高 20 多米，胸径可达 1 米。生鳞叶的小枝扁平，排成一个平面。雌雄同株，雄球花黄色；雌球花近球形，蓝绿色，被白粉。球果近卵圆形，成熟前近肉质，蓝绿色，被白粉；成熟后木质，开裂，红褐色。种子及生鳞叶的小枝可药用。花期 3~4 月，球果 10 月成熟。

侧柏植株　　　　　　　　　侧柏球果

单子叶植物纲

单子叶植物纲（Monocotyledoneae）属被子植物门，多数为草本。种子的胚具1枚子叶；根常为须根系；茎中维管束散生，不具形成层，通常不能加粗；叶脉常为平行脉或弧形脉；花的各部常为3或3的倍数。

芦苇

本地俗名： 苇子

拉 丁 学 名： *Phragmites australis* (Cav.) Trin. ex Steud.

所属科属： 禾本科 Poaceae 芦苇属 *Phragmites*

芦苇植株

简要特征：多年生草本。茎秆直立，高 1~3 米，直径 1~4 厘米，具多节；叶披针状条形，无毛。圆锥花序大且分枝多，小穗下垂，无毛。花果期 7~11 月。喜生于有水源的空旷地带。

臭草

拉丁学名： *Melica scabrosa* Trin.

所属科属： 禾本科 Poaceae 臭草属 *Melica*

简要特征：多年生草本。茎秆丛生，高 20~90 厘米，直径 1~3 毫米；叶鞘闭合，叶片扁平。圆锥花序狭窄，常偏向一侧，小穗绿色或乳白色，小穗柄短且弯曲。花果期 5~8 月。

臭草花序

臭草植株

硬质早熟禾

拉丁学名： *Poa sphondylodes* Trin.

所属科属： **禾本科** Poaceae **早熟禾属** *Poa*

简要特征：多年生草本。茎秆密集丛生，高 30~60 厘米，具 3~4 节；叶鞘基部带淡紫色，叶片长 3~7 厘米，宽 1 毫米。圆锥花序紧缩，小穗绿色，具 4~6 枚小花。花果期 6~8 月。

硬质早熟禾花序　　　　　　　　　　硬质早熟禾植株

雀　麦

本地俗名：野麦子

拉丁学名： *Bromus japonicus* Thunb. ex Murr.

所属科属： **禾本科** Poaceae **雀麦属** *Bromus*

简要特征：一年生草本。茎秆直立，高 40~90 厘米；叶鞘闭合，叶片长 12~30 厘米，宽 4~8 毫米，两面具毛。圆锥花序具分枝，疏展下垂。花果期 5~7 月。

雀麦植株　　　　　　　　　　　　　雀麦花序

纤毛鹅观草

本地俗名： 山麦子

拉丁学名： *Elymus ciliaris* (Trin. ex Bunge) Tzvelev

所属科属： 禾本科 Poaceae　披碱草属 *Elymus*

　　简要特征： 多年生草本。秆单生或稀疏丛生，高 40~80 厘米，无毛；叶片扁平，粗糙，无毛；叶鞘无毛。穗状花序常直立，颖片和外稃边缘具长纤毛，芒常于小穗成熟时反折。花果期 4~6 月。

纤毛鹅观草外稃

纤毛鹅观草植株

纤毛鹅观草花序

鹅观草

本地俗名： 山麦子

拉丁学名： *Elymus kamoji* (Ohwi) S. L. Chen

所属科属： 禾本科 Poaceae　披碱草属 *Elymus*

　　简要特征： 多年生草本。秆直立或基部倾斜，高 30~100 厘米；叶扁平，叶鞘边缘常具纤毛。穗状花序弯曲或下垂，颖片和外稃无毛。花果期 4~6 月。

鹅观草植株

鹅观草花序

看麦娘

拉丁学名： *Alopecurus aequalis* Sobol.

所属科属： 禾本科 Poaceae 看麦娘属 *Alopecurus*

简要特征：一年生草本。秆少数丛生，高 15~40 厘米；叶片扁平，叶鞘无毛。圆锥花序棒状，灰绿色。花果期 4~8 月。

看麦娘植株　　　　　　　　　　看麦娘花序

中华草沙蚕

拉丁学名： *Tripogon chinensis* (Franch.) Hack.

所属科属： 禾本科 Poaceae 草沙蚕属 *Tripogon*

简要特征：多年生草本，密集丛生。秆光滑细弱，无毛，高 10~30 厘米；叶片细长，常内卷，正面略粗糙，背面光滑无毛；叶鞘口被毛。穗状花序细长，小穗铅绿色。花果期 7~10 月。

中华草沙蚕植株　　　　　　　　中华草沙蚕花序

结缕草

本地俗名：绿皮芽

拉丁学名： *Zoysia japonica* Steud.

所属科属：禾本科 Poaceae **结缕草属** *Zoysia*

　　简要特征： 多年生草本。地下根茎横走；秆直立，高 15~20 厘米，基部叶鞘常宿存。总状花序穗状，小穗柄弯曲，常长于小穗；小穗卵形，长 2.5~3.5 毫米，宽 1~1.5 毫米。花果期 5~8 月。适作草坪用草。

结缕草花序　　　　　　　　　　　　　结缕草植株

野古草

拉丁学名： *Arundinella hirta* (Thunb.) Tanaka

所属科属：禾本科 Poaceae **野古草属** *Arundinella*

　　简要特征： 多年生草本。根茎粗壮；秆直立，质硬，被毛，高 60~110 厘米，直径 2~4 毫米；叶片长条形。圆锥花序开展，小穗成对着生。花果期 7~10 月。

野古草植株　　　　　　　　　　　　　野古草花序

囊颖草

拉丁学名: *Sacciolepis indica* (L.) Chase

所属科属: 禾本科 Poaceae 囊颖草属 *Sacciolepis*

简要特征:一年生草本,常丛生。秆基部常膝曲,高 20~100 厘米;叶线形,叶鞘具棱。圆锥花序紧缩,呈圆柱状,分枝短。花果期 7~11 月。

囊颖草花序 囊颖草植株

求米草

拉丁学名: *Oplismenus undulatifolius* (Ard.) Roemer & Schult.

所属科属: 禾本科 Poaceae 求米草属 *Oplismenus*

简要特征:多年生草本,常丛生。秆细,基部平卧地面,高 20~50 厘米;叶片扁平,披针形,叶鞘被毛。圆锥花序,主轴密被刺毛,分枝短。花果期 7~11 月。适作牧草。

求米草植株 求米草花序

稗（bài）

拉丁学名： *Echinochloa crus-galli* (L.) P. Beauv.

所属科属： **禾本科** Poaceae **稗属** *Echinochloa*

　　简要特征： 一年生草本。秆光滑无毛，高50~150 厘米；叶片扁平线形，叶鞘无叶舌。圆锥花序直立，小穗顶端具芒，芒长 0.5~3 厘米。花果期6~9 月。

稗植株　　　　　　　　　　　稗花序

西来稗

拉丁学名： *Echinochloa crus-galli* var. *zelayensis* (Kunth) Hitchc.

所属科属： **禾本科** Poaceae **稗属** *Echinochloa*

　　简要特征： 一年生草本。秆高50~75 厘米，叶线形。圆锥花序直立，花序分枝不具小枝，小穗顶端无芒。花果期6~9 月。

西来稗植株　　　　　　　　西来稗花序

野　黍

本地俗名：虱子草、小鸡溜溜

拉丁学名： *Eriochloa villosa* (Thunb.) Kunth

所属科属：禾本科 Poaceae **野黍属** *Eriochloa*

　　简要特征：一年生草本。秆直立，高 30~100
厘米，节具髭毛；叶扁平，正面被毛，背面无毛，
边缘粗糙。总状花序组成狭长圆锥状；小穗柄被毛，
基部有基盘。花果期 7~10 月。

野黍植株　　　　　　　　　　　　　　　　　野黍花序

狗尾草

拉丁学名： *Setaria viridis* (L.) P. Beauv.

所属科属：禾本科 Poaceae **狗尾草属** *Setaria*

　　简要特征：一年生草本。秆直立或基部膝曲，高
10~100 厘米；叶扁平，窄披针形。圆锥花序呈圆柱状，
直立或稍弯曲；第二颖与颖果等长。花果期 5~10 月。

狗尾草植株　　　　　　　　　　　　　　　　狗尾草花序

金色狗尾草

拉丁学名： *Setaria pumila* (Poir.) Roem. & Schult.

所属科属： 禾本科 Poaceae 狗尾草属 *Setaria*

　　简要特征： 一年生草本。秆直立或基部膝曲，高 20~90 厘米；叶片线状披针形，正面粗糙。圆锥花序紧密，刚毛粗糙，金黄色或褐色；第二颖长约为颖果一半。花果期 6~10 月。

金色狗尾草植株　　　　　　　　　　金色狗尾草花序

狼尾草

拉丁学名: *Pennisetum alopecuroides* (L.) Spreng.

所属科属： 禾本科 Poaceae 狼尾草属 *Pennisetum*

　　简要特征： 多年生草本。秆直立，丛生，高 30~120 厘米；叶线形。圆锥花序直立，刚毛粗糙，金黄色或紫色，小穗簇有总梗。花果期 6~10 月。

狼尾草植株　　　　　　　狼尾草花序

芒

拉丁学名： *Miscanthus sinensis* Andersson

所属科属： 禾本科 Poaceae 芒属 *Miscanthus*

简要特征：多年生草本。植株高 1~2 米，无毛；叶片线形。圆锥花序直立，开展，分枝粗硬，小穗有芒。秆适作造纸原料。

芒植株　　　　　　　　　　　　　　　　　芒花序

大油芒

本地俗名： 野苇

拉丁学名： *Spodiopogon sibiricus* Trin.

所属科属： 禾本科 Poaceae 大油芒属 *Spodiopogon*

简要特征：多年生草本。茎秆直立，高 70~150 厘米；叶线状披针形，叶鞘多长于其节间。总状花序呈圆锥状，小穗有芒。花果期 7~12 月。可作观赏草。

大油芒植株　　　　　　　　　大油芒花序　　　　　　　　　大油芒花序

荩　竹

拉丁学名： *Microstegium vimineum* (Trin.) A. Camus

所属科属： 禾本科 Poaceae 荩竹属 *Microstegium*

　　简要特征： 一年生草本。茎秆下部横卧地面，节上生根，地上可高达 1 米；叶披针形，叶鞘短于其节间。总状花序排列成指状，小穗无芒。花果期 8~11 月。

荩竹植株　　　　　　　荩竹花序

鸭嘴草

拉丁学名： *Ischaemum aristatum* var. *glaucum* (Honda) T. Koyama

所属科属： 禾本科 Poaceae 鸭嘴草属 *Ischaemum*

　　简要特征： 一年生草本，簇生。茎直立或下部斜升，高 60~80 厘米；叶披针形。总状花序成对，形同鸭嘴。花果期 7~9 月。适作家畜饲料。

鸭嘴草植株　　　　　　　鸭嘴草花序

橘　草

本地俗名： 缮草

拉丁学名： *Cymbopogon goeringii* (Steud.) A. Camus

所属科属： 禾本科 Poaceae 香茅属 *Cymbopogon*

　　简要特征： 一年生草本，具香气，丛生。秆高 60~100 厘米；叶扁平，线形。总状花序向后反折，形成伪圆锥花序。花果期 7~10 月。过去本地居民常用此草修缮房屋。

橘草植株

黄背草

拉丁学名： *Themeda triandra* Forssk.

所属科属： **禾本科** Poaceae **菅属**
Themeda

简要特征：多年生草本，簇生。秆高约60厘米；叶片线形，叶鞘扁，密被硬毛。具佛焰苞的总状花序形成伪圆锥花序。花果期6~9月。可观赏、作家畜饲料。

黄背草植株

黄背草植株

黄背草花序

棒头草

拉丁学名： *Polypogon fugax* Nees ex Steud.

所属科属： **禾本科** Poaceae **棒头草属**
Polypogon

简要特征：一年生草本，丛生。秆基部膝曲，高10~75厘米；叶片扁平，叶鞘光滑无毛。圆锥花序穗状，疏松，小穗灰绿色或带紫色。花果期4~9月。

棒头草花序

棒头草植株

头状穗莎（suō）草

本地俗名： 三棱草

拉丁学名： *Cyperus glomeratus* L.

所属科属： 莎草科 Cyperaceae 莎草属 *Cyperus*

　　简要特征： 一年生草本，散生。秆钝三棱形，高 50~95 厘米；叶短于秆，边缘不粗糙，叶鞘红棕色。穗状花序无总梗，近于圆形、椭圆形或长圆形，小穗线状披针形或线形。花果期 6~10 月。

头状穗莎草植株

碎米莎草

本地俗名： 三棱草

拉丁学名： *Cyperus iria* L.

所属科属： 莎草科 Cyperaceae 莎草属 *Cyperus*

　　简要特征： 一年生草本。秆丛生，高 8~85 厘米，扁三棱形；叶平展或内折，短于秆，叶鞘红棕色。穗状花序在长侧枝上着生，组成复出聚伞花序。花果期 6~10 月。

碎米莎草花序　　　碎米莎草植株

异型莎草

本地俗名： 三棱草

拉丁学名： *Cyperus difformis* L.

所属科属： 莎草科 Cyperaceae 莎草属 *Cyperus*

　　简要特征： 一年生草本。秆丛生，高 2~65 厘米，扁三棱状；叶平展或内折，叶鞘褐色。球形头状花序在长侧枝上组成简单聚伞花序。花果期 7~10 月。

异型莎草植株

无刺鳞水蜈蚣

本地俗名：三棱草

拉丁学名： *Kyllinga brevifolia* var. *leiolepis* (Franch.et Savat.) Hara

所属科属： 莎草科 Cyperaceae **水蜈蚣属** *Kyllinga*

　　简要特征： 多年生草本。秆成列散生，高 7~20 厘米，扁三棱状；叶平展，边缘及背面中脉具细刺。穗状花序球形，鳞片背面的龙骨状突起上无刺。花果期 5~10 月。

无刺鳞水蜈蚣植株　　　　　无刺鳞水蜈蚣花序　　　无刺鳞水蜈蚣花序

翼果薹（ tái ）草

拉丁学名： *Carex neurocarpa* Maxim.

所属科属： 莎草科 Cyperaceae **薹草属** *Carex*

　　简要特征： 多年生草本。地下根状茎较短；秆丛生，高 15~100 厘米，密布锈状点线；叶平展，边缘粗糙。穗状花序呈尖塔状圆柱形；小穗两性，上部为雄花，下部为雌花。花果期 6~8 月。

翼果薹草植株　　　　　翼果薹草花序

半　夏

拉丁学名： *Pinellia ternata* (Thunb.) Ten. ex Breitenb.

所属科属： 天南星科 Araceae 半夏属 *Pinellia*

　　简要特征： 多年生草本。块茎圆球形；叶 1~5 枚，三全裂，叶柄长 15~20 厘米。佛焰苞绿色或绿白色，檐部绿色或边缘青紫色。浆果卵圆形，熟时红色。花期 5~7 月，果 8 月成熟。块茎可药用。

半夏花序　　　　　　　　　　　半夏果　　　　　　　　　　　半夏植株

天南星

拉丁学名： *Arisaema heterophyllum* Blume

所属科属： 天南星科 Araceae 天南星属 *Arisaema*

　　简要特征： 多年生草本。块茎扁球形；叶常 1 枚，鸟足状分裂，裂片 13~19 枚，叶柄长 30~50 厘米。佛焰苞粉绿色，内面绿白色，雌雄同株或雄花单株。浆果熟时红色。花期 4~6 月，果期 7~10 月。块茎可药用。

天南星植株　　　　　　　　　　天南星花序　　　　　　　　　　天南星果

长苞香蒲

本地俗名： 蒲棒

拉丁学名： *Typha domingensis* Pers.

所属科属： 香蒲科 Typhaceae 香蒲属 *Typha*

　　简要特征： 多年生草本，水生或沼生。地上茎直立，高 0.7~2.5 米；叶片长，上部扁平，中部以下背部隆起；叶鞘长，抱茎。雄花序位于花序轴上部，不分叉；雌花序位于下部，两者远离。花果期 6~8 月。

长苞香蒲植株　　　　　　　　　　　　　　　　长苞香蒲花序

鸭跖（zhí）草

本地俗名： 鸭嘴

拉丁学名： *Commelina communis* L.

所属科属： 鸭跖草科 Commelinaceae 鸭跖草属 *Commelina*

　　简要特征： 一年生草本。匍匐茎上生根，叶披针形。聚伞花序生于佛焰苞状总苞片内，花瓣蓝色。花期 7~9 月，果期 8~10 月。地上部分可药用。

鸭跖草植株　　　　　　　　　　　　　　　　鸭跖草花

竹叶子

拉丁学名： *Streptolirion volubile* Edgew.

所属科属： 鸭跖草科 Commelinaceae 竹叶子属 *Streptolirion*

　　简要特征： 多年生草本。茎攀援，极少直立，长 0.5~6 米；叶心状圆形，基部深心形，顶端常具尾尖，被毛，具叶柄。蝎尾状聚伞花序集成圆锥状，常具花一至数朵，花瓣白色，线形。蒴果顶端具芒状突尖。花期 8~9 月，果期 9~10 月。

竹叶子植株　　　　　　　　　　竹叶子花

龙须菜

拉丁学名： *Asparagus schoberioides* Kunth

所属科属： 天门冬科 Asparagaceae 天门冬属 *Asparagus*

简要特征：多年生草本。茎直立，高可达 1 米，上部和分枝具纵棱。雌雄异株，花小，黄绿色，花梗长 0.5~1 毫米。浆果球形，成熟时红色。花期 5~6 月，果期 6~10 月。根和根状茎可药用。

龙须菜植株   龙须菜果

南玉带

本地俗名： 马铃灯、月季豆

拉丁学名： *Asparagus oligoclonos* Maxim.

所属科属： 天门冬科 Asparagaceae 天门冬属 *Asparagus*

简要特征：多年生草本。茎直立，高 40~80 厘米，平滑或稍具条纹；叶状枝簇生。雌雄异株，花腋生，黄绿色，花梗长 1.5~2 厘米。浆果球形，成熟时红色。花期 5~6 月，果期 6~10 月。

南玉带植株   南玉带果

山麦冬

拉丁学名：*Liriope spicata* (Thunb.) Lour.

所属科属：**天门冬科** Asparagaceae **山麦冬属** *Liriope*

　　简要特征：多年生草本。根末端常膨大成肉质小块根；具地下走茎；叶宽4~8毫米，长条状披针形。花葶常长于叶或近等长，长25~65厘米，总状花序，花被片淡紫色或淡蓝色。花期5~7月，果期8~10月。

山麦冬植株　　　　　　　　　　山麦冬花

热河黄精

本地俗名：**山姜**

拉丁学名：*Polygonatum macropodum* Turcz.

所属科属：**天门冬科** Asparagaceae **黄精属** *Polygonatum*

　　简要特征：多年生草本。根状茎形态似姜；叶卵形，互生。花腋生，集生近伞房状，花序具5~12花，花被片白色或带红色。浆果近球形，成熟时蓝黑色。花期5~6月，果期7~10月。根状茎可药用。

热河黄精果　　　　　　　　　　热河黄精植株

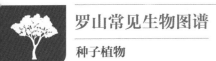
玉 竹

本地俗名：山姜

拉丁学名： *Polygonatum odoratum* (Mill.) Druce

所属科属：天门冬科 Asparagaceae **黄精属** *Polygonatum*

　　简要特征： 多年生草本。根状茎圆柱状；茎高 20~50 厘米；叶椭圆形，互生，7~12 枚。花腋生，集生近伞房状，花序具 1~4 花，花被片黄绿色至白色。浆果成熟时蓝黑色。花期 4~6 月，果期 7~9 月。根状茎可药用。

玉竹花　　　　　　　　　　　　　　　　　　　　　玉竹果

绵枣儿

本地俗名：地溜儿

拉丁学名： *Barnardia japonica* (Thunb.) Schult. & Schult. f.

所属科属：天门冬科 Asparagaceae **绵枣儿属** *Barnardia*

　　简要特征： 多年生草本。鳞茎卵形或近球形；叶基生，窄条状。花葶直立，总状花序，花紫红、粉红或白色。果近倒卵形。花果期 7~11 月。鳞茎和全草可药用。

绵枣儿植株　　　　　　　　绵枣儿花　　　　　　　　绵枣儿果

华东菝葜（bá qiā）

拉丁学名： *Smilax sieboldii* Miq.

所属科属： 菝葜科 Smilacaceae 菝葜属 *Smilax*

简要特征：攀援灌木或亚灌木。茎长 1.5~2.5 米，具平直黑刺；叶草质，卵形，叶柄有卷须，叶鞘长约为叶柄的一半。伞形花序生于叶腋，花绿黄色。浆果成熟时蓝黑色。花期 5~6 月，果期 6~10 月。

华东菝葜花

华东菝葜果

鞘柄菝葜

拉丁学名： *Smilax stans* Maxim.

所属科属： 菝葜科 Smilacaceae 菝葜属 *Smilax*

简要特征：灌木或亚灌木。植株直立或披散，高 0.3~3 米；茎无刺；叶纸质，卵形或卵状披针形，背面苍白色，叶柄无卷须，基部渐宽成鞘状。伞形花序，常具 1~3 花，花绿黄色。浆果具粉霜，熟时黑色。花期 5~6 月，果期 7~10 月。

鞘柄菝葜植株

鞘柄菝葜果

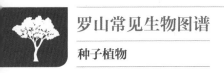

藜　芦

本地俗名：山葱

拉丁学名： *Veratrum nigrum* L.

所属科属：藜芦科 Melanthiaceae **藜芦属** *Veratrum*

　　简要特征： 多年生草本。植株高大粗壮，可达 1 米，基部有黑色网状残存叶鞘；叶椭圆形至卵状披针形，茎下部叶片大，无柄。圆锥花序密生黑紫色花，侧生总状花序常具雄花，顶生总状花序着生两性花。花果期 7~9 月。根及根茎可药用。

藜芦植株

藜芦花

黄花菜

拉丁学名： *Hemerocallis citrina* Baroni

所属科属： 阿福花科 Asphodelaceae
萱草属 *Hemerocallis*

简要特征：多年生草本。叶带状，基生。花葶有分枝，花淡黄色，3至多朵，花被管长 3~5 厘米。花果期 5~10 月。花可食用。

黄花菜植株

萱 草

拉丁学名： *Hemerocallis fulva* (L.) L.

所属科属： 阿福花科 Asphodelaceae 萱草属 *Hemerocallis*

简要特征：多年生草本。叶带状，一般较宽。花无香味，橘红色至橘黄色，内花被裂片下部一般有"∧"形斑。花果期 5~7 月。

萱草植株

萱草花

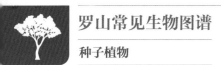

薤（xiè）白

本地俗名： 贼蒜

拉丁学名： *Allium macrostemon* Bunge

所属科属： 石蒜科 Amaryllidaceae 葱属 *Allium*

　　简要特征： 多年生草本。叶仅 3~5 枚，半圆柱状，中空；花葶圆柱状，高 30~70 厘米，基部被叶鞘。伞形花序半球状至球状，花多而密集，或间具珠芽；花淡红色或淡紫色。花果期 5~7 月。鳞茎可药用，亦可食用。

薤白花　　　　　　　　　　　　　薤白植株

蒙古野韭

拉丁学名： *Allium prostratum* Trevir.

所属科属： 石蒜科 Amaryllidaceae 葱属 *Allium*

　　简要特征： 多年生草本。叶半圆柱状至圆柱状；花葶圆柱状，高 10~25 厘米，基部被叶鞘。伞形花序松散，半球状；花淡红色至紫红色。花期 7~8 月。

蒙古野韭植株

卷 丹

本地俗名：野百合

拉丁学名： *Lilium lancifolium* Thunb.

所属科属：百合科 Liliaceae **百合属** *Lilium*

　　简要特征：多年生草本。茎高 0.8~1.5 米，具紫色条纹，被白色绵毛；叶披针形，散生，上部叶腋具珠芽。花下垂，花被片橙红色带紫黑色斑点，反卷。花期 7~8 月，果期 8~9 月。具观赏价值。

卷丹花　　　　　　　　卷丹植株

有斑百合

本地俗名：山丹

拉丁学名： *Lilium concolor* var. *pulchellum* (Fisch.) Regel

所属科属：百合科 Liliaceae **百合属** *Lilium*

　　简要特征：多年生草本。茎高 30~50 厘米；叶条形，散生，无珠芽。花直立，星状开展，深红色，具紫色斑点。花期 6~7 月，果期 8~9 月。花含芳香油，可制香料。

有斑百合花　　　　　　有斑百合植株

穿龙薯蓣（shǔ yù）

本地俗名： 穿地龙

拉丁学名： *Dioscorea nipponica* Makino

所属科属： 薯蓣科 Dioscoreaceae 薯蓣属 *Dioscorea*

简要特征：多年生草质藤本。茎缠绕，左旋，长可达 5 米；叶掌状心形。雌雄异株，穗状花序，雄花序腋生，雌花序单生。蒴果成熟后枯黄色，三棱形。花期 6~8 月，果期 8~10 月。根状茎可药用。

穿龙薯蓣植株　　　　　　穿龙薯蓣果　　　　　　穿龙薯蓣果

薯　蓣

本地俗名： 山药

拉丁学名： *Dioscorea polystachya* Turcz.

所属科属： 薯蓣科 Dioscoreaceae 薯蓣属 *Dioscorea*

简要特征：多年生草质藤本。根状茎长圆柱形，肉质；茎右旋缠绕，常带紫红色；叶卵状三角形至戟形，互生，叶腋内常有珠芽。雌雄异株，穗状花序。花期 6~9 月，果期 7~11 月。块茎可药用，亦可食用。

薯蓣植株　　　　　　　　　　　　　薯蓣珠芽

野鸢尾

本地俗名：蒲扇草

拉丁学名： *Iris dichotoma* Pall.

所属科属： 鸢尾科 Iridaceae 鸢尾属 *Iris*

简要特征：多年生草本。叶基生或在花茎基部互生，剑形。花茎高 40~60 厘米，上部二歧状分枝；花蓝紫色或淡蓝色，花被筒短，外花被具棕褐色斑纹。花期 7~8 月，果期 8~9 月。

野鸢尾植株

野鸢尾花＆果

紫苞鸢尾

拉丁学名： *Iris ruthenica* Ker Gawl.

所属科属： 鸢尾科 Iridaceae 鸢尾属 *Iris*

简要特征：多年生草本。植株较矮，基部围有短的鞘状叶；叶条形，灰绿色。花茎高 15~20 厘米，花蓝紫色，外花被具白色斑纹。花期 4~5 月，果期 5~8 月。

紫苞鸢尾植株

紫苞鸢尾花

无柱兰

拉丁学名： *Ponerorchis gracilis* (Blume) X. H. Jin, Schuit. & W. T. Jin

所属科属： 兰科 Orchidaceae 小红门兰属 *Ponerorchis*

　　简要特征： 地生草本，植株高 7~30 厘米。茎近基部具 1 枚大叶，上部具 1~2 枚苞片状小叶。总状花序，花基本偏向一侧，粉红色或紫红色。花期 6~7 月，果期 8~9 月。

无柱兰植株

羊耳蒜

拉丁学名： *Liparis campylostalix* Rchb. f.

所属科属： 兰科 Orchidaceae 羊耳蒜属 *Liparis*

　　简要特征： 地生草本。叶片较大，2 枚，卵形或卵状长圆形。总状花序，花葶高 12~50 厘米，花黄绿色，有时带淡紫色或粉红色。蒴果倒卵状。花期 6~8 月，果期 8~10 月。

羊耳蒜植株　　　　　　　　　羊耳蒜花　　　　　　　　　羊耳蒜果

双子叶植物纲

> 双子叶植物纲（Dicotyledoneae）属被子植物门。种子的胚具2枚子叶；主根发达，常为直根系；茎中维管束排列成环状，具形成层，故茎能加粗；叶脉常为网状脉；花的各部基数常为4或5。

胡 桃

本地俗名： 山核桃

拉丁学名： *Juglans regia* L.

所属科属： 胡桃科 Juglandaceae 胡桃属 *Juglans*

简要特征：落叶乔木，高可达 20~25 米。树皮灰白色，纵向浅裂；奇数羽状复叶，小叶椭圆状卵形至长椭圆形。雄性柔荑花序下垂，雌性穗状花序具 1~4 雌花。假核果近球形，可食。花期 5 月，果期 9~10 月。

胡桃果　　　　胡桃植株

枫 杨

本地俗名： 枰杨柳、苍蝇树

拉丁学名： *Pterocarya stenoptera* C. DC.

所属科属： 胡桃科 Juglandaceae 枫杨属 *Pterocarya*

简要特征：落叶乔木，高可达 30 米，胸径可达 1 米。偶数或稀奇数羽状复叶，小叶长椭圆形至长椭圆状披针形，对生或近对生，叶轴具翅或翅不发达。雄性柔荑花序单生于去年生枝条上叶痕腋内，雌性柔荑花序顶生。果序下垂，果实形似苍蝇。花期 4~5 月，果期 8~9 月。

枫杨植株

枫杨果

鹅耳枥

拉丁学名： *Carpinus turczaninowii* Hance

所属科属： 桦木科 Betulaceae 鹅耳枥属 *Carpinus*

　　简要特征： 落叶乔木，高 5~10 米。叶卵形，具重锯齿。雄花序春季开放；雌花序生于上部的枝顶或腋生于短枝上，常下垂，苞鳞覆瓦状排列。花期 4~5 月，果期 6~10 月。

鹅耳枥植株

坚　桦

拉丁学名： *Betula chinensis* Maxim.

所属科属： 桦木科 Betulaceae 桦木属 *Betula*

　　简要特征： 落叶灌木或小乔木，高 2~5 米。树皮暗灰色；叶卵形，边缘具单齿；花单性，雌雄同株；果序单生，直立或下垂，常近球形。木材坚硬。花期 4~5 月，果期 6~8 月。

坚桦植株＆花序

坚桦树干

坚桦果序

栗

拉丁学名： *Castanea mollissima* Blume

所属科属： 壳斗科 Fagaceae 栗属 *Castanea*

　　简要特征： 落叶乔木，高可达 20 米，胸径可达 0.8 米。叶椭圆形至长圆形，背面具星状毛。雄花序直立。壳斗外具锐刺，坚果被壳斗全包。花期 5~6 月，果期 7~10 月。坚果可食。

栗花序　　　　　　　　　　栗果　　　　　　　　　　　　　　栗植株

麻　栎

本地俗名： 橡子树

拉丁学名： *Quercus acutissima* Carruth.

所属科属： 壳斗科 Fagaceae 栎属 *Quercus*

　　简要特征： 落叶乔木，高可达 30 米，胸径可达 1 米。叶片两面无毛，或仅背面沿叶脉被毛；雄花序柔荑状，常数个集生，下垂。坚果 1/2 被壳斗包裹，小苞片向外反折。花期 3~4 月，果翌年 9~10 月成熟。木材为环孔材，种子淀粉含量高，可作饲料和工业淀粉。

麻栎植株　　　　　　　　　麻栎花序　　　　　　　　　麻栎果

栓皮栎

拉丁学名： *Quercus variabilis* Blume

所属科属： 壳斗科 Fagaceae 栎属 *Quercus*

简要特征：落叶乔木，高可达 30 米，胸径达 1 米以上。树皮木栓层发达；叶片背面密被灰白色毛，边缘具芒状锯齿。雄花序柔荑状，常下垂。坚果 2/3 被壳斗包裹。花期 3~4 月，果期翌年 9~10 月。木材为环孔材。

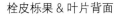

栓皮栎果 & 叶片背面　　　　　　栓皮栎植株

槲（hú）树

拉丁学名： *Quercus dentata* Thunb.

所属科属： 壳斗科 Fagaceae 栎属 *Quercus*

简要特征：落叶乔木，高可达 25 米。叶缘具波状裂片或粗锯齿，背面密被星状毛。花序腋生，雄花序柔荑状；小苞片披针形，棕红色，反曲或直立。壳斗杯形，包着坚果 1/3~1/2。花期 4~5 月，果期 9~10 月。

槲树植株　　　　　　　　　　　槲树花序

榆 树

拉丁学名： *Ulmus pumila* L.

所属科属： 榆科 Ulmaceae 榆属 *Ulmus*

简要特征：落叶乔木，高可达 25 米，胸径可达 1 米。叶椭圆状披针形，无毛，边缘具锯齿。花先叶开放，在叶腋处簇生。翅果形如铜钱，俗称"榆钱"。花果期 3~5 月。

榆树枝叶　　　　　　　榆树果　　　　　　　　　　榆树植株

黑 榆

拉丁学名： *Ulmus davidiana* Planch.

所属科属： 榆科 Ulmaceae 榆属 *Ulmus*

简要特征：落叶乔木或灌木状，高可达 15 米，胸径可达 0.3 米。树皮灰色；叶倒卵形，边缘具重锯齿。花在去年生枝上排成簇状聚伞花序。翅果倒卵形或近倒卵形，果核被毛。花果期 4~5 月。

黑榆植株　　　　　　　　　　　　　　　　黑榆果

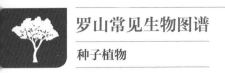
蒙 桑

本地俗名：山桑

拉丁学名： *Morus mongolica* (Bureau.) C. K. Schneid.

所属科属：桑科 Moraceae **桑属** *Morus*

　　简要特征： 落叶小乔木或灌木，高 3~8 米。叶卵形至椭圆形，叶缘具锯齿，齿尖有长芒刺。雌雄花序均为穗状，雌花序较短。聚花果可食。花期 4~5 月，果期 5~6 月。韧皮纤维为高级造纸材料。

蒙桑植株　　　　　　　　　　　蒙桑果　　　　　　　　　　　蒙桑花序

柘 (zhè)

本地俗名：柘针

拉丁学名： *Maclura tricuspidata* Carrière

所属科属：桑科 Moraceae **橙桑属** *Maclura*

　　简要特征： 落叶小乔木或灌木，高 1~7 米，具枝刺。叶全缘或少数 3 裂，两面无毛。花雌雄异株，雌雄花序均为球形头状花序。聚花果成熟时橙红色，味道不佳。花期 5~6 月，果期 6~10 月。韧皮纤维可造纸，根皮可药用。

柘果 & 枝叶

构

拉丁学名： *Broussonetia papyrifera* (L.) L'Hér. ex Vent.

所属科属： 桑科 Moraceae 构属 *Broussonetia*

简要特征：落叶乔木，高10~20米，具乳汁。叶互生，螺旋状排列，两面被毛，边缘具锯齿。花雌雄异株，雄花序为柔荑花序，常下垂；雌花序为头状花序，球形。聚花果成熟时橙红色，可食。花期4~5月，果期6~10月。韧皮纤维可作造纸材料，果实及根、皮可药用。

构花序

构植株

构果

葎 (lǜ) 草

本地俗名：拉拉秧、拉狗蛋

拉丁学名： *Humulus scandens* (Lour.) Merr.

所属科属：大麻科 Cannabaceae **葎草属** *Humulus*

简要特征：一年或多年生草质藤本。茎、枝、叶柄均具倒刺；叶对生，纸质，肾状五角形，掌状深裂。花雌雄异株，雄花序为圆锥花序，雌花序为球果状假柔荑花序。花果期6~10月。

葎草植株

黑弹树

本地俗名：小叶朴

拉丁学名： *Celtis bungeana* Blume

所属科属：大麻科 Cannabaceae **朴属** *Celtis*

简要特征：落叶乔木，高可达10米。枝灰褐色，无毛，散生皮孔；叶狭卵形至椭圆形。果单生叶腋，近球形，成熟时蓝黑色。花期4~5月，果期6~11月。

黑弹树果

黑弹树植株

野线麻

拉丁学名： *Boehmeria japonica* (L. f.) Miq.

所属科属： 荨麻科 Urticaceae 苎麻属 *Boehmeria*

简要特征： 亚灌木或多年生草本，高 0.6~1.5 米。叶纸质，圆卵形，对生，边缘有牙齿。雌雄异株，团伞花序组成穗状花序。花果期 6~9 月。茎皮纤维可供纺织麻布用，叶可药用。

野线麻花序   野线麻植株

百蕊草

拉丁学名： *Thesium chinense* Turcz.

所属科属： 檀香科 Santalaceae 百蕊草属 *Thesium*

简要特征： 多年生草本，高 15~40 厘米。茎细长，斜升；叶线形，互生。单花腋生，花被绿白色。花期 4~5 月，果期 6~7 月。全草可药用。

百蕊草植株

萹 蓄

拉丁学名：*Polygonum aviculare* L.

所属科属：蓼科 Polygonaceae 萹蓄属 *Polygonum*

　　简要特征：一年生草本，高 10~40 厘米。茎平卧或直立，具纵棱；叶椭圆形至披针形，托叶鞘膜质，上部白色，下部褐色。花单生或数朵簇生于叶腋，花被片绿色，边缘白色或淡红色。花期 5~7 月，果期 6~8 月。全草可药用。

萹蓄花　　　　　　　　　　　　　　　　萹蓄植株

扛板归

拉丁学名：*Persicaria perfoliata* (L.) H. Gross

所属科属：蓼科 Polygonaceae 蓼属 *Persicaria*

　　简要特征：一年生草质藤本，长 1~2 米。茎具倒生皮刺；叶三角形，下面沿脉着生皮刺，叶柄盾状着生。总状花序组成短穗状，花被片淡红色或白色。瘦果球形，有光泽。花期 6~8 月，果期 7~10 月。全株可药用。

扛板归植株　　　　　　　　　　　　　　扛板归果

刺蓼

拉丁学名： *Persicaria senticosa* (Meisn.) H. Gross ex Nakai

所属科属： 蓼科 Polygonaceae 蓼属 *Persicaria*

　　简要特征： 一年生草质藤本，长可达 1.5 米。茎四棱，沿棱被倒生皮刺；叶三角形，两面具毛，下面沿脉着生皮刺。头状花序，花被片淡红色。瘦果近球形，无光泽。花期 6~7 月，果期 7~9 月。

刺蓼植株　　　　　　　　　　　　　　　　　刺蓼花

拳参

本地俗名： 虾参

拉丁学名： *Bistorta officinalis* Raf.

所属科属： 蓼科 Polygonaceae 拳参属 *Bistorta*

　　简要特征： 多年生草本。根状茎肥厚，黑褐色，弯曲如虾；茎直立，无分枝，高 50~90 厘米；基生叶纸质，宽披针形，叶柄具翅，茎生叶披针形，无柄。穗状花序顶生，小花排列紧密，花被片白色或淡红色。花期 6~7 月，果期 8~9 月。根状茎可药用。

拳参植株　　　　　　　　　　拳参花序

齿翅蓼

拉丁学名： *Fallopia dentatoalata* (F. Schmidt) Holub

所属科属： 蓼科 Polygonaceae 藤蓼属 *Fallopia*

　　简要特征： 一年生草质藤本。茎长 1~2 米，有条纹，具分枝；叶卵形，基部心形，无毛。总状花序顶生或腋生，花被片外面 3 片背部具翅，翅上有齿。花期 7~8 月，果期 9~10 月。

齿翅蓼植株　　　　　　　　　　　　　　　　　　　　　　齿翅蓼果

篱　蓼

拉丁学名： *Fallopia dumetorum* (L.) Holub

所属科属： 蓼科 Polygonaceae 藤蓼属 *Fallopia*

　　简要特征： 一年生草质藤本。形态特征与齿翅蓼相近，区别在于花被片外面的翅上无齿。花期 7~8 月，果期 9~10 月。

篱蓼花序

酸　模

本地俗名：牛舌根

拉丁学名： *Rumex acetosa* L.

所属科属： 蓼科 Polygonaceae 酸模属 *Rumex*

　　简要特征： 多年生草本。茎直立，高 40~100 厘米，具沟槽；基生叶及茎下部叶基部箭形。花单性，雌雄异株，内花被片结果时增大，网脉明显，基部具极小的瘤。瘦果具 3 棱。花期 5~7 月，果期 6~8 月。

酸模植株　　　　　　　　　　酸模果　　　　　　　　　　酸模花

巴天酸模

本地俗名：牛舌根

拉丁学名： *Rumex patientia* L.

所属科属： 蓼科 Polygonaceae 酸模属 *Rumex*

　　简要特征： 多年生草本。茎直立，高 90~150 厘米，具沟槽；基生叶长圆形，基部圆形或心形，边缘波状。花两性，内花被片结果时增大，具网纹，全部或一侧具瘤。花期 5~6 月，果期 6~7 月。

巴天酸模果　　　　　　　　巴天酸模植株

齿果酸模

本地俗名：牛舌根

拉丁学名： *Rumex dentatus* L.

所属科属： 蓼科 Polygonaceae 酸模属 *Rumex*

简要特征：一年生草本。茎高 30~70 厘米，沟槽较浅；基生叶基部圆形或心形，边缘浅波状。花两性，内花被片结果时增大，具网纹，边缘具刺状齿，全部具瘤。花期 5~6 月，果期 6~7 月。

齿果酸模植株　　　　齿果酸模果

网果酸模

本地俗名：牛舌根

拉丁学名： *Rumex chalepensis* Mill.

所属科属： 蓼科 Polygonaceae 酸模属 *Rumex*

简要特征：多年生草本。茎高 30~60 厘米，沟槽深；基生叶基部圆形或心形，边缘稍呈波状。花两性，内花被片结果时增大，网纹明显，边缘具齿，全部具瘤。花期 4~5 月，果期 5~6 月。

网果酸模果　　　　网果酸模植株

aceae刺藜属 *Teloxys*

简要特征：一年生草本。茎直立，高可达40厘米，具条棱；叶线形，全缘。复二歧式聚伞花序顶生或腋生，末端分枝刺状，花两性。花期8~9月，果期10月。

刺藜植株　　　　　　　　　　刺藜果

牛　膝

拉丁学名：*Achyranthes bidentata* Blume

所属科属：苋科 Amaranthaceae 牛膝属 *Achyranthes*

简要特征：多年生草本，高70~120厘米。茎直立，具棱，绿色或带紫红色，具明显的节，分枝和叶对生；叶椭圆形或椭圆披针形。花两性，穗状花序在花期直立，花期后向下反折。花期7~9月，果期9~10月。根可药用。

牛膝花＆叶

-49-

灰绿藜

拉丁学名： *Oxybasis glauca* (L.) S. Fuentes, Uotila & Borsch

所属科属： 苋科 Amaranthaceae **红叶藜属** *Oxybasis*

简要特征：一年生草本，高 20~40 厘米。茎平卧或外倾，常具紫红色条；叶矩圆状卵形，具缺刻状齿，正面无粉粒，背面灰白色，被粉粒。穗状花序。花果期 5~10 月。

灰绿藜植株

小　藜

拉丁学名： *Chenopodium ficifolium* Sm.

所属科属： 苋科 Amaranthaceae **藜属** *Chenopodium*

简要特征：一年生草本，植株被粉，高 20~50 厘米。茎直立，具细棱及色条；叶卵状长圆形，常 3 裂，侧裂片具 2 个缺刻状齿，正面无粉粒，背面灰白色，被粉粒。穗状花序。花果期 4~9 月。

小藜植株

垂序商陆

拉丁学名： *Phytolacca americana* L.
所属科属： **商陆科** Phytolaccaceae
商陆属 *Phytolacca*

　　简要特征： 多年生草本，高 1~2 米。
茎圆柱形，常带紫红色；叶长椭圆形。
总状花序，花白色，稍带红色。果序下垂，
浆果扁球形，成熟后紫黑色。花期 6~8 月，
果期 8~10 月。

垂序商陆植株

垂序商陆花

垂序商陆果

孩儿参

拉丁学名：*Pseudostellaria heterophylla* (Miq.) Pax

所属科属：石竹科 Caryophyllaceae 孩儿参属 *Pseudostellaria*

简要特征：多年生草本。块根长纺锤形；茎直立，高15~20厘米，具2列短毛；叶二型，茎下部叶片倒披针形，上部叶片宽卵形或菱状卵形，集成轮生状。花二型，开花受精花腋生或呈聚伞花序，白色，常不结实；闭花受精花具短梗，结实。花期4~7月，果期7~8月。块根可药用。

孩儿参植株＆茎上部叶

孩儿参闭花受精花

孩儿参果

孩儿参植株＆开花受精花

鹅肠菜

拉丁学名：*Stellaria aquatica* (L.) Scop.

所属科属：石竹科 Caryophyllaceae 繁缕属 *Stellaria*

简要特征：两年生或多年生草本，高20~50厘米。茎下部伏卧，上部直立，上部有柔毛；叶卵形或长圆状卵形，茎上部叶无柄或有短柄。顶生二歧聚伞花序，花白色。花期5~8月，果期6~9月。全草可药用。

鹅肠菜植株

鹅肠菜花

繁缕

拉丁学名： *Stellaria media* (L.) Vill.

所属科属： 石竹科 Caryophyllaceae 繁缕属 *Stellaria*

繁缕植株

　　简要特征： 一年生或二年生草本，高 10~30 厘米。茎直立或平卧，仅被 1~2 列毛，常带紫红色；叶卵圆形或卵形。顶生疏聚伞花序，花白色，雄蕊短于花瓣。花期 6~7 月，果期 7~8 月。茎、叶及种子可药用。

女娄菜植株

女娄菜

拉丁学名： *Silene aprica* Turcz. ex Fisch. & C. A. Mey.

所属科属： 石竹科 Caryophyllaceae 蝇子草属 *Silene*

　　简要特征： 一年生或二年生草本，高 20~70 厘米，全株被毛；茎单生或少数丛生；叶披针形至条状披针形。圆锥花序，花萼卵状钟形，花瓣白色或淡红色，稍长于花萼或近等长。花期 5~7 月，果期 6~8 月。全草可药用。

山蚂蚱草

拉丁学名： *Silene jenisseensis* Willd.

所属科属： 石竹科 Caryophyllaceae 蝇子草属 *Silene*

　　简要特征： 多年生草本，高 30~60 厘米。茎直立，丛生状；基生叶狭倒披针形，中脉明显。假轮伞状圆锥花序或总状花序顶生，花萼筒状，纵脉明显，花白色或淡绿色。花期 7~8 月，果期 8~9 月。根可药用。

山蚂蚱草花

山蚂蚱草植株

石 竹

拉丁学名： *Dianthus chinensis* L.

所属科属： 石竹科 Caryophyllaceae 石竹属 *Dianthus*

　　简要特征： 多年生草本，高 30~60 厘米，全株无毛。茎直立，单一或丛生，节部膨大；叶条状披针形。单花或数花集成聚伞花序，花萼筒状，有纵纹，花瓣顶缘不整齐齿裂。花期 5~6 月，果期 7~9 月。具观赏价值，全草可药用。

石竹植株　　　　　　石竹花

瞿 麦

拉丁学名： *Dianthus superbus* L.

所属科属： 石竹科 Caryophyllaceae 石竹属 *Dianthus*

　　简要特征： 多年生草本，高 50~60 厘米。茎直立，丛生；叶条状披针形，基部合生呈鞘状。花萼筒状，常带紫红色；花瓣片深裂成狭条或细丝。花期 6~9 月，果期 8~10 月。全草可药用。

瞿麦花　　　　　　瞿麦植株

长蕊石头花

本地俗名： 山苣楂

拉丁学名： *Gypsophila oldhamiana* Miq.

所属科属： 石竹科 Caryophyllaceae 石头花属 *Gypsophila*

　　简要特征： 多年生草本，高 60~100 厘米，全株无毛，带粉绿色。茎簇生，老茎常带紫红色；叶片长圆状披针形，稍厚，两叶基相连成短鞘状。伞房状聚伞花序顶生或腋生，花瓣 5 枚，粉红色或白色。花期 6~9 月，果期 8~10 月。本地居民喜食用其幼苗。

长蕊石头花植株

紫花耧斗菜

本地俗名：紫花菜

拉丁学名： *Aquilegia viridiflora* var. *atropurpurea* (Willd.) Finet & Gagnep.

所属科属：毛茛（gèn）科 Ranunculaceae 耧斗菜属 *Aquilegia*

　　简要特征：多年生草本。茎直立，高 15~50 厘米，被毛；基生叶为二回三出复叶，正面绿色，背面淡绿至粉绿色。花辐射对称，花后有 5 根长距，花瓣漏斗状，萼片及花瓣均暗紫色。花期 5~7 月，果期 7~8 月。具观赏价值。

紫花耧斗菜植株　　　　　　　　紫花耧斗菜花　　　　　　　　紫花耧斗菜果

大叶铁线莲

拉丁学名： *Clematis heracleifolia* DC.

所属科属：毛茛科 Ranunculaceae 铁线莲属 *Clematis*

　　简要特征：草本或半灌木，高 0.3~1 米。茎直立，具纵条纹，被毛；三出复叶。聚伞花序顶生或腋生；花杂性，雄花与两性花异株；花萼 4 片，下半部管状，顶端常反卷，蓝紫色。花期 8~9 月，果期 9~10 月。全株可药用。

大叶铁线莲植株　　　　　　　　大叶铁线莲花　　　　　　大叶铁线莲果

长冬草

拉丁学名： *Clematis hexapetala* var. *tchefouensis* (Debeaux) S. Y. Hu

所属科属：毛茛科 Ranunculaceae **铁线莲属** *Clematis*

简要特征：多年生草本，高 10~100 厘米。老枝圆柱形，有纵沟；叶为 1~2 回羽状深裂，两面无毛或背面疏生长柔毛。聚伞花序顶生，萼片白色，仅边缘具绒毛。瘦果倒卵形，密生柔毛。花期 6~8 月，果期 7~9 月。根可药用。

长冬草植株　　　　　　　　　　长冬草花　　　　　　　　　　长冬草果

东亚唐松草

拉丁学名： *Thalictrum minus* var. *hypoleucum* (Sieb old & Zucc.) Miq.

所属科属：毛茛科 Ranunculaceae **唐松草属** *Thalictrum*

简要特征：多年生草本，全株无毛。茎高 60~130 厘米；四回三出羽状复叶，背面具白粉，脉网明显。圆锥花序开展，萼片淡黄绿色，4 枚。花期 6~7 月。根可药用。

东亚唐松草植株　　　　　　　　东亚唐松草叶　　　　　　　　东亚唐松草花

白头翁

本地俗名： 老母猪花

拉丁学名： *Pulsatilla chinensis* (Bunge) Regel

所属科属： 毛茛科 Ranunculaceae 白头翁属 *Pulsatilla*

　　简要特征： 多年生草本，高 15~35 厘米。叶三全裂。萼片蓝紫色，长圆状卵形。果期花柱宿存，有长柔毛，形如头状。花期 4~5 月，果期 5~6 月。根状茎可药用。

白头翁植株　　　　　　　　白头翁花　　　　　　　白头翁果

茴茴蒜

拉丁学名： *Ranunculus chinensis* Bunge

所属科属： 毛茛科 Ranunculaceae 毛茛属 *Ranunculus*

　　简要特征：一年生草本。茎直立，高 20~70 厘米，中空，有纵纹，多分枝；三出复叶，两面具糙毛。聚合果长圆形。花果期 5~9 月。全草有毒，可药用。

茴茴蒜植株

蝙蝠葛

拉丁学名： *Menispermum dauricum* DC.

所属科属： **防己科** Menispermaceae **蝙蝠葛属** *Menispermum*

　　简要特征： 多年生草质藤本。根状茎细长，老茎常木质化，一年生茎有条纹无毛；叶阔卵形，盾状着生，掌状脉。圆锥花序单生或双生。核果紫黑色。花期4~7月，果期6~9月。

蝙蝠葛植株　　　　　　　　　　　　　　　　　　　　　　　蝙蝠葛花

木防己

拉丁学名： *Cocculus orbiculatus* (L.) DC.

所属科属： **防己科** Menispermaceae **木防己属** *Cocculus*

　　简要特征： 多年生木质藤本，长2~3米，全株具淡褐色短毛。小枝具条纹；叶形状变化较大，从线状披针形至阔卵形，掌状脉。雌雄异株，聚伞花序腋生或顶生。核果红色至紫色。花期5~7月，果期7~9月。

木防己植株＆果　　　　　　　　　　　　　　　　　木防己花

鹅掌楸

本地俗名：马褂木

拉丁学名： *Liriodendron chinense* (Hemsl.) Sarg.

所属科属： 木兰科 Magnoliaceae 鹅掌楸属 *Liriodendron*

简要特征： 落叶乔木，高可达 40 米，胸径可达 1 米以上。小枝灰色或灰褐色，叶片马褂形。花杯状，花被片绿色，内轮花被片具黄色条纹。花期 5 月，果期 9~10 月。濒危树种。

鹅掌楸花

鹅掌楸叶

鹅掌楸植株

三桠乌药

拉丁学名： *Lindera obtusiloba* Blume

所属科属： 樟科 Lauraceae 山胡椒属 *Lindera*

　　简要特征： 落叶乔木或灌木，高 3~10 米。树皮深棕色；幼枝黄绿色，光滑无毛；叶圆形或近圆形，常明显 3 裂。花序无总梗，腋生，花黄色。果成熟后紫黑色。花期 3~4 月，果期 8~9 月。

三桠乌药植株

三桠乌药果

三桠乌药花

白屈菜

拉丁学名： *Chelidonium majus* L.

所属科属： 罂粟科 Papaveraceae 白屈菜属 *Chelidonium*

　　简要特征： 多年生草本，高 30~60 厘米。茎直立，多分枝，被毛；叶羽状全裂，背面具白粉。伞形花序，花黄色。花果期 4~9 月。全草有毒，可药用。

白屈菜花

白屈菜植株

小药八旦子

本地俗名：元胡

拉丁学名： *Corydalis caudata* (Lam.) Pers.

所属科属： 罂粟科 Papaveraceae 紫堇属 *Corydalis*

　　简要特征： 多年生草本，高 15~20 厘米。块茎球形或近球形，叶 1~3 回三出。总状花序，花蓝色或紫色，形态如小鸟。花期 3~4 月。

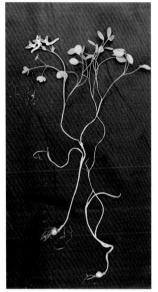

小药八旦子花　　　　　　　小药八旦子植株　　　　　　　小药八旦子全株

小黄紫堇

拉丁学名： *Corydalis raddeana* Regel

所属科属： 罂粟科 Papaveraceae 紫堇属 *Corydalis*

　　简要特征： 多年生草本，高 60~90 厘米，全株无毛。茎具棱，叶 2~3 回羽裂。总状花序，花排列稀疏，花冠黄色，花距圆筒状，向下弯曲。花果期 6~10 月。

小黄紫堇植株　　　　　　　小黄紫堇花＆果

弹裂碎米荠

拉丁学名：*Cardamine impatiens* Linnaeus

所属科属：**十字花科** Brassicaceae **碎米荠属** *Cardamine*

简要特征：一年或二年生草本，高 20~60 厘米。茎直立，表面有沟棱；茎生叶为羽状复叶，基部耳状抱茎。长角果熟时自下而上弹性开裂。花期 4~6 月，果期 5~7 月。

弹裂碎米荠植株

弯曲碎米荠植株

弯曲碎米荠

拉丁学名：*Cardamine flexuosa* With.

所属科属：**十字花科** Brassicaceae **碎米荠属** *Cardamine*

简要特征：一年或二年生草本，高可达 30 厘米。茎左右弯曲，自基部分枝，呈铺散状；基生叶有叶柄。总状花序顶生，小花白色。果序轴左右弯曲。花期 3~5 月，果期 4~6 月。全草可药用。

北美独行菜

拉丁学名：*Lepidium virginicum* Linnaeus

所属科属：**十字花科** Brassicaceae **独行菜属** *Lepidium*

简要特征：一年或二年生草本，高 20~50 厘米。茎直立，单生，上部分枝；茎生叶具短柄，倒披针形或线形。总状花序顶生，花白色。短角果近圆形，扁平。花期 4~5 月，果期 6~7 月。种子可药用。

北美独行菜植株

荠植株

荠

拉 丁 学 名: *Capsella bursa-pastoris* (L.) Medic.

所属科属: 十字花科 Brassicaceae 荠属 *Capsella*

　　简要特征: 一年或二年生草本，高 10~50 厘米。茎直立；基生叶莲座状，大头羽状分裂。总状花序顶生及腋生，萼片长圆形，花瓣白色。短角果倒三角形或心状三角形。花果期 4~6 月。茎叶可食用，全草可药用。

广州葶（hàn）菜

拉丁学名: *Rorippa cantoniensis* (Lour.) Ohwi

所属科属: 十字花科 Brassicaceae 葶菜属 *Rorippa*

　　简要特征: 一年或二年生草本，高 10~30 厘米，无毛。茎直立或铺散状分枝；基生叶羽状深裂或浅裂，常早枯，茎生叶倒卵状长圆形或匙形，基部短耳状抱茎。总状花序顶生，花黄色。短角果圆柱形。花期 3~4 月，果期 4~6 月。

广州葶菜植株

风花菜

拉丁学名: *Rorippa globosa* (Turcz.) Hayek

所属科属: 十字花科 Brassicaceae 葶菜属 *Rorippa*

　　简要特征: 一年或二年生草本，高 20~80 厘米。茎直立；基生叶早枯，茎生叶 1 回羽状分裂。伞房花序，花瓣白色，匙形。短角果长椭圆形。花期 4~6 月，果期 7~9 月。

风花菜植株

风花菜花

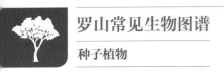

菥蓂 (xī míng)

拉丁学名： *Thlaspi arvense* L.

所属科属： **十字花科** Brassicaceae **菥蓂属** *Thlaspi*

　　简要特征： 一年生草本，高 9~60 厘米，全株无毛。茎直立，具棱；基生叶倒卵状长圆形，边缘具齿，基部抱茎。总状花序，花白色。短角果扁平，近圆形，顶端微凹。花期 3~4 月，果期 5~6 月。嫩苗可食，全草可药用。

菥蓂植株　　　　　　　　　　　　　　　　　　　菥蓂果

垂果南芥

拉丁学名： *Catolobus pendulus* (L.) Al-Shehbaz

所属科属： **十字花科** Brassicaceae **垂果南芥属** *Catolobus*

　　简要特征： 二年生草本，高 30~150 厘米，全株被毛。茎直立，上部分枝。茎下部叶长椭圆形或倒卵形，边缘具齿；茎上部叶较小，狭椭圆形至披针形。总状花序，花瓣白色，匙形。长角果线形，下垂。花期 6~9 月，果期 7~10 月。

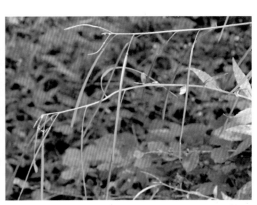

垂果南芥植株　　　　　　　　　　　　　　　　　　垂果南芥果

小花糖芥

拉丁学名： *Erysimum cheiranthoides* L.

所属科属： **十字花科** Brassicaceae **糖芥属** *Erysimum*

　　简要特征： 一年生草本，高 15~50 厘米。茎直立，有棱角，具 2 叉毛。基生叶莲座状、平铺，具毛；茎生叶披针形或线形，两面具毛。总状花序，花黄色。长角果圆柱形。花果期 5~6 月。

小花糖芥植株　　　　小花糖芥花

葶 苈

拉丁学名： *Draba nemorosa* L.

所属科属： **十字花科** Brassicaceae **葶苈属** *Draba*

　　简要特征： 一年或二年生草本。茎直立，高 5~45 厘米，下部被毛。基生叶莲座状、长倒卵形，边缘具齿；茎生叶长卵形或卵形，边缘具锯齿，两面被毛。总状花序，花黄色。短角果长圆形或长椭圆形。花期 3~4 月，果期 4~6 月。

葶苈植株

花旗杆

拉丁学名： *Dontostemon dentatus* (Bunge) Lédeb.

所属科属： **十字花科** Brassicaceae **花旗杆属** *Dontostemon*

　　简要特征： 二年生草本，高 15~50 厘米，散生白色柔毛。茎基部常带紫色；叶椭圆披针形，边缘具疏齿。总状花序顶生，花淡紫色。长角果长圆形，无毛。花期 5~7 月，果期 7~8 月。

花旗杆植株　　　　花旗杆花

多花费菜

拉丁学名： *Phedimus floriferus* (Praeger) 't Hart

所属科属： 景天科 Crassulaceae 费菜属 *Phedimus*

　　简要特征： 多年生草本。茎斜升，高 15~30 厘米，上部多分枝；叶匙状倒披针形，互生，上部边缘有锯齿。聚伞花序，花黄色。蓇葖果。花期 6~7 月。

多花费菜花　　　　　　　多花费菜植株

垂盆草

拉丁学名： *Sedum sarmentosum* Bunge

所属科属： 景天科 Crassulaceae 景天属 *Sedum*

　　简要特征： 多年生草本。茎细弱，常匍匐生长，长 10~25 厘米；叶 3 枚轮生，全缘，倒披针形至长圆形。聚伞花序，花黄色。花期 5~7 月，果期 8 月。全草可药用。

垂盆草植株

狼爪瓦松

本地俗名： 酸溜溜、老母脚丫子

拉丁学名： *Orostachys cartilaginea* Boriss.

所属科属： 景天科 Crassulaceae 瓦松属 *Orostachys*

　　简要特征： 二年生或多年生草本。莲座叶长圆状披针形，顶端有软骨质的刺，茎生叶披针形或线形，互生。花茎高 10~35 厘米，聚伞花序圆锥状或伞房状，外表呈狭金字塔形至圆柱形。花果期 9~10 月。

狼爪瓦松植株

大花溲疏

拉丁学名： *Deutzia grandiflora* Bunge

所属科属： 绣球花科 Hydrangeaceae 溲疏属 *Deutzia*

　　简要特征： 落叶灌木，高 1~2 米。新枝及叶具星状毛；叶纸质，卵形或椭圆状卵形，边缘具锯齿，背面灰白色。聚伞花序，花白色，春季开放。蒴果宿存萼裂片外弯。花期 4~6 月，果期 9~11 月。

大花溲疏植株　　　　　　　　大花溲疏花　　　　　　　　大花溲疏果

华蔓茶藨（biāo）子

拉丁学名： *Ribes fasciculatum* var. *chinense* Maxim.

所属科属： 茶藨子科 Grossulariaceae 茶藨子属 *Ribes*

　　简要特征： 落叶灌木，高可达 1.5 米。嫩枝、叶两面和花梗均被密柔毛；叶近圆形，边缘 3~5 裂。伞形花序，花单性，雌雄异株；花萼黄绿色，杯形，花期先端反折。果近球形，红褐色。花期 4~5 月，果期 5~10 月。

华蔓茶藨子植株　　　　　　　华蔓茶藨子花　　　　　　　华蔓茶藨子果

杜 仲

拉丁学名: *Eucommia ulmoides* Oliv.

所属科属: 杜仲科 Eucommiaceae 杜仲属 *Eucommia*

　　简要特征: 落叶乔木,高可达 20 米,胸径可达 50 厘米。树皮含橡胶,折断拉开有细丝;老枝有明显皮孔;叶椭圆状卵形或椭圆形。花生于当年枝基部,雄花无花被,苞片倒卵状匙形;雌花单生,苞片倒卵形。翅果扁平。花期 4 月,果期 10 月。树皮可药用,也可提取橡胶。

杜仲植株

杜仲叶

杜仲树皮

华北绣线菊

拉丁学名： *Spiraea fritschiana* Schneid.

所属科属： 蔷薇科 Rosaceae 绣线菊属 *Spiraea*

　　简要特征： 落叶灌木，高 1~2 米。小枝具明显棱角；叶卵形或椭圆状卵形，边缘具锯齿，正面深绿色，背面浅绿色，被白色短毛。复伞房花序顶生于当年新枝，多花，花白色。蓇葖果开张，萼片常反折。花期 5~6 月，果期 6~8 月。

华北绣线菊植株　　　　　　　　　　　　　　　　　　　华北绣线菊果

三裂绣线菊

拉丁学名： *Spiraea trilobata* L.

所属科属： 蔷薇科 Rosaceae 绣线菊属 *Spiraea*

　　简要特征： 落叶灌木，高 1~2 米。小枝常弯曲，褐色；叶片近圆形，常 3 裂。伞形花序多花，花白色。蓇葖果开张，萼片直立。花期 5~6 月，果期 6~8 月。

三裂绣线菊植株　　　　　　　　　　　　　　三裂绣线菊花

牛叠肚

拉丁学名： *Rubus crataegifolius* Bge.

所属科属： 蔷薇科 Rosaceae 悬钩子属 *Rubus*

简要特征：直立灌木，高 1~3 米。枝具沟棱，有皮刺；叶片卵形至长卵形，基部心形或近截形，正面近无毛，背面脉上有柔毛和小皮刺，边缘 3~5 掌状分裂。花簇生或形成总状花序，花白色。果暗红色，可食。花期5~6月，果期7~9月。

牛叠肚植株   牛叠肚果

茅 莓

本地俗名： 婆婆头

拉丁学名： *Rubus parvifolius* L.

所属科属： 蔷薇科 Rosaceae 悬钩子属 *Rubus*

简要特征：落叶灌木，高 1~2 米。枝呈弓形弯曲，被柔毛和稀疏皮刺；小叶 3 枚，新枝上偶有 5 小叶，正面绿色，背面灰白色，边缘具锯齿。伞房花序顶生或腋生，花粉红至紫红色。果红色，可食。花期5~6月，果期7~8月。

茅莓果

茅莓花   茅莓植株

柔毛路边青

拉丁学名： *Geum japonicum* var. *chinense* F. Bolle

所属科属： 蔷薇科 Rosaceae 路边青属 *Geum*

简要特征： 多年生草本。茎直立，高30~100厘米，常被柔毛或混生少数粗硬毛；大头羽状复叶，基生叶侧生小叶 1~2 对，上部茎生叶通常单叶，不裂或 3 浅裂。花序顶生，花黄色，花托上具有黄色柔毛，长 2~3 毫米。聚合果倒卵球形，瘦果被长硬毛，顶端有小钩。花果期 5~10 月。

柔毛路边青植株

莓叶委陵菜

拉丁学名： *Potentilla fragarioides* L.

所属科属： 蔷薇科 Rosaceae 委陵菜属 *Potentilla*

简要特征： 多年生草本。花茎丛生，上升或铺散，长 8~25 厘米；羽状复叶，有小叶 2~3 对。伞房状聚伞花序，多花，花瓣黄色。花期 4~6 月，果期 6~8 月。

莓叶委陵菜植株

委陵菜

拉丁学名： *Potentilla chinensis* Ser.

所属科属： 蔷薇科 Rosaceae 委陵菜属 *Potentilla*

简要特征： 多年生草本。花茎直立或上升，高 20~70 厘米，被毛；基生叶为羽状复叶，有小叶 5~15 对，正面绿色，背面被白色绒毛。伞房状聚伞花序，苞片被毛，花瓣黄色。花果期 4~10 月。全草可药用。

委陵菜植株

翻白草

拉丁学名： *Potentilla discolor* Bge.

所属科属： 蔷薇科 Rosaceae 委陵菜属 *Potentilla*

　　简要特征： 多年生草本。花茎直立，上升或稍铺散，高 10~45 厘米，密被白色绵毛；有小叶 2~4 对，正面暗绿色，背面被白色绵毛；聚伞花序疏散，花瓣黄色。花果期 5~9 月。全草可药用。

翻白草植株

蛇　莓

本地俗名： 长虫眼

拉丁学名： *Duchesnea indica* (Andr.) Focke

所属科属： 蔷薇科 Rosaceae 蛇莓属 *Duchesnea*

　　简要特征： 多年生草本。匍匐茎长 30~100 厘米，被毛；茎生叶为三出复叶。花黄色，单生于叶腋；花托在果期增大，海绵质，红色。花期 5~8 月，果期 8~10 月。全草可药用。

蛇莓植株

蛇莓花

蛇莓果

野蔷薇

拉丁学名： *Rosa multiflora* Thunb.

所属科属： 蔷薇科 Rosaceae 蔷薇属 *Rosa*

　　简要特征： 攀援灌木。小枝具皮刺；羽状复叶，小叶 5~9 枚，托叶篦齿状。花白色，排成圆锥状花序。果近球形，红褐色或紫褐色。花期 5~7 月，果期 10 月。

野蔷薇果

野蔷薇花

野蔷薇植株

龙牙草

本地俗名： 小苍

拉丁学名： *Agrimonia pilosa* Ldb.

所属科属： 蔷薇科 Rosaceae 龙牙草属 *Agrimonia*

　　简要特征： 多年生草本。茎高 30~120 厘米，被毛；叶为间断奇数羽状复叶，托叶镰形。总状花序顶生，花黄色。花期 7~8 月，果期 9~10 月。全草可药用。

龙牙草植株

龙牙草叶

龙牙草花

地　榆

本地俗名：马虎枣

拉丁学名： *Sanguisorba officinalis* L.

所属科属： 蔷薇科 Rosaceae 地榆属 *Sanguisorba*

　　简要特征： 多年生草本，高30~120厘米。茎直立，有棱；羽状复叶，小叶片有短柄，卵形或长圆状卵形，无毛，边缘具齿，茎生叶托叶大，半卵形。穗状花序椭圆形，萼片4枚，紫红色，雄蕊与萼片近等长或稍短。花果期7~10月。根可药用。

地榆植株　　　　　　　　地榆花

水榆花楸

拉丁学名： *Sorbus alnifolia* (Sieb. et Zucc.) K. Koch

所属科属： 蔷薇科 Rosaceae 花楸属 *Sorbus*

　　简要特征： 落叶乔木，高可达20米。树冠圆锥形；小枝圆柱形，幼时具灰白色皮孔，老枝暗灰褐色；单叶卵形至椭圆形。复伞房花序，花白色。果近球形，成熟时红色或橘色。花期5月，果期6~10月。具观赏价值。

水榆花楸植株

水榆花楸花　　　　　　　　水榆花楸果

花楸树

拉丁学名： *Sorbus pohuashanensis* (Hance) Hedl.

所属科属：蔷薇科 Rosaceae **花楸属** *Sorbus*

　　简要特征： 落叶乔木，高可达 8 米。树皮紫灰褐色，小枝灰褐色；奇数羽状复叶，小叶片 5~7 对，卵状披针形或椭圆披针形。复伞房花序，花白色。果近球形，成熟时红色或桔色。花期 5~6 月，果期 6~10 月。具观赏价值。

花楸树植株　　　　　　　　　　　　花楸树花　　　　　　　　　　花楸树果

杜　梨

拉丁学名： *Pyrus betulifolia* Bunge

所属科属：蔷薇科 Rosaceae **梨属** *Pyrus*

　　简要特征： 落叶乔木，高可达 10 米。枝常具刺；幼枝、花序和叶片下面均被绒毛，叶片菱状卵形至长圆卵形，边缘具齿。伞形总状花序，花瓣白色，5 枚，基部具短爪。果近球形，褐色，不具宿萼。花期 4 月，果期 5~9 月。

杜梨植株　　　　　　　　　　　杜梨花　　　　　　　　　　　杜梨果

山　桃

拉丁学名： *Prunus davidiana* (Carrière) Franch.

所属科属： 蔷薇科 Rosaceae 李属 *Prunus*

　　简要特征： 落叶乔木，高可达 10 米。树皮光滑，暗紫色，常呈纸质剥落；叶卵状披针形，边缘具细锯齿，两面无毛。花单生，先叶开放，粉红色；果近球形，直径 2.5~3.5 厘米，淡黄色，被毛，可食。花期 3~4 月，果期 7~8 月。

山桃果　　　　　　　　　　　　　　　　　　　　　　　　　　　　　　山桃花

欧　李

本地俗名： 册李

拉丁学名： *Prunus humilis* (Bge.) Sok.

所属科属： 蔷薇科 Rosaceae 李属 *Prunus*

　　简要特征： 落叶灌木，高可达 1.5 米。分枝多，小枝红褐色；叶倒卵状长圆形或披针形，中部以上最宽。花单生或 2~3 朵簇生，白色或粉红色，花柱无毛。核果成熟后红色或紫红色，可食。花期 4~5 月，果期 5~8 月。

欧李植株＆果　　　　　　　　　　　　　　　　　　　　　　　　　　　欧李花

山樱花

拉丁学名： *Prunus serrulata* (Lindl.) G. Don ex London

所属科属： 蔷薇科 Rosaceae 李属 *Prunus*

　　简要特征： 落叶乔木，高 3~8 米。树皮灰褐色或灰黑色；小枝淡褐色，无毛；叶片卵状椭圆形或倒卵椭圆形，边缘具锯齿，齿尖具腺体。总状或伞形花序，有总梗，花白色。核果紫黑色。花期 4~5 月，果期 6~7 月。

山樱花植株

山樱花果

山樱花花

毛樱桃果

毛樱桃花

毛樱桃

拉丁学名： *Prunus tomentosa* (Thunb.) Wall.

所属科属： 蔷薇科 Rosaceae 李属 *Prunus*

　　简要特征： 灌木，高 0.3~3 米。枝、叶、芽均被短毛；小枝紫褐色或灰褐色；叶卵状椭圆形或倒卵状椭圆形，边缘具粗锯齿，正面脉凹陷，背面脉凸起。花单生或 2 朵簇生，白色或粉红色。核果红色，可食及酿酒。花期 4 月，果期 5~6 月。

山　槐

本地俗名：穷嘚瑟

拉丁学名： *Albizia kalkora* (Roxb.) Prain

所属科属：豆科 Fabaceae **合欢属** *Albizia*

　　简要特征： 落叶小乔木或灌木，高 3~8 米。枝条棕褐色，有皮孔；2 回羽状复叶，羽片 2~4 对，小叶长圆形，基部不对称，两面均被短毛。头状花序排成圆锥花序，花黄色或粉红色，有花梗。荚果带状。花期 5~6 月，果期 7~10 月。具观赏价值。

山槐粉红色花

山槐黄色花

合　欢

本地俗名：芙蓉

拉丁学名： *Albizia julibrissin* Durazz.

所属科属：豆科 Fabaceae **合欢属** *Albizia*

　　简要特征： 落叶乔木，高可达 16 米。小枝有棱角，具皮孔；2 回羽状复叶，羽片 4~12 对，小叶镰刀形，中脉偏上缘。头状花序排成圆锥花序，花粉红色。荚果带状。花期 6~7 月，果期 8~10 月。具观赏价值。

合欢植株

合欢花

山皂荚

拉丁学名： *Gleditsia japonica* Miq.

所属科属： 豆科 Fabaceae 皂荚属
Gleditsia

　　简要特征： 落叶乔木或小乔木，高可达25米。枝干上具分枝的刺，刺基部略扁；1~2回羽状复叶，常簇生。穗状花序，花黄绿色。荚果扁，不规则扭曲或呈镰刀状。花期4~6月，果期6~11月。木可用材，荚果可用于洗涤，种子可入药，嫩叶可食。

山皂荚果

山皂荚花

山皂荚枝刺

豆茶山扁豆

拉丁学名： *Chamaecrista nomame* (Makino) H. Ohashi

所属科属： 豆科 Fabaceae
山扁豆属 *Chamaecrista*

　　简要特征： 一年生草本，高可达60厘米。茎直立或铺散；偶数羽状复叶，小叶10~28对，带状披针形。花单生或数朵组成总状花序，花黄色。荚果扁，有毛。花期7~8月，果期8~9月。

豆茶山扁豆植株

苦　参

本地俗名：槐里豆

拉丁学名：_Sophora flavescens_ Alt.

所属科属：豆科 Fabaceae 苦参属 _Sophora_

　　简要特征：多年生草本或亚灌木，高 1.5~3 米。茎具纹棱，小枝被柔毛；奇数羽状复叶，小叶互生或近对生。总状花序顶生，花疏散，旗瓣倒卵状匙形，白色或淡黄白色。荚果稍四棱形，成熟时开裂成 4 瓣。花期 6~8 月，果期 7~10 月。

苦参植株

刺　槐

本地俗名：洋槐

拉丁学名：_Robinia pseudoacacia_ L.

所属科属：豆科 Fabaceae 刺槐属 _Robinia_

　　简要特征：落叶乔木，高 10~25 米。小枝灰褐色；具托叶刺；羽状复叶，小叶常对生。总状花序腋生，下垂，花白色，有甜香。荚果平滑。花期 4~5 月，果期 6~9 月。

刺槐花

刺槐果

花木蓝

本地俗名：扫帚花

拉丁学名： *Indigofera kirilowii* Maxim. ex Palibin

所属科属：豆科 Fabaceae **木蓝属** *Indigofera*

简要特征：落叶小灌木，高 30~100 厘米。茎圆柱形，无毛；羽状复叶，小叶 2~5 对，对生，阔卵形或椭圆形。总状花序与叶近等长，花淡红色或白色。荚果棕褐色，圆柱形。花期 5~7 月，果期 8 月。

花木蓝植株　　　　　　花木蓝花

胡枝子

拉丁学名： *Lespedeza bicolor* Turcz.

所属科属：豆科 Fabaceae **胡枝子属** *Lespedeza*

简要特征：落叶灌木，高 1~3 米。老枝灰褐色；三出羽状复叶，顶生小叶较大，阔椭圆形或卵形，两面被毛。总状花序比叶长，构成大型、疏松的圆锥花序，花冠红紫色。花期 7~9 月，果期 9~10 月。水土保持植物、蜜源植物，根可药用。

胡枝子植株　　　　　　胡枝子花

兴安胡枝子

本地俗名： 轱辘条

拉丁学名： *Lespedeza davurica* (Laxmann) Schindler

所属科属： 豆科 Fabaceae 胡枝子属 *Lespedeza*

　　简要特征： 草本状落叶小灌木，高可达 1 米。茎直立，单一或簇生；羽状复叶具 3 小叶，托叶刺芒状，小叶披针状长圆形，先端圆钝，有短刺尖。总状花序与叶近等长，花冠白或黄白色。荚果小，包于宿存花萼内。花期 7~8 月，果期 9~10 月。

兴安胡枝子植株

绒毛胡枝子

拉丁学名： *Lespedeza tomentosa* (Thunb.) Sieb.

所属科属： 豆科 Fabaceae 胡枝子属 *Lespedeza*

　　简要特征： 落叶小灌木，高可达 1 米，全株密被黄褐色绒毛。茎直立，单一或上部分枝；羽状复叶具 3 小叶，托叶线形，小叶椭圆形或卵状长圆形，边缘稍反卷。总状花序顶生或茎上部腋生，花冠白或黄白色，闭锁花簇生呈球状，于茎上部腋生。荚果倒卵形，被毛。花期 7~9 月，果期 9~10 月。水土保持植物，根可药用。

绒毛胡枝子植株

绒毛胡枝子花序

长萼鸡眼草

本地俗名：掐不齐

拉丁学名： *Kummerowia stipulacea* (Maxim.) Makino

所属科属：豆科 Fabaceae **鸡眼草属** *Kummerowia*

　　简要特征： 一年生草本，高 7~15 厘米。茎平卧、上升或直立，多分枝，枝上的毛向上；三出羽状复叶，小叶倒卵形或椭圆形。花 1~2 朵腋生，花冠上部暗紫色，花梗具毛。花期 7~8 月，果期 8~10 月。

长萼鸡眼草植株　　　　　　　　　　　　长萼鸡眼草花

葛

拉丁学名： *Pueraria montana* var. *lobata* (Willdenow) Maesen & S. M. Almeida ex Sanjappa & Predeep

所属科属：豆科 Fabaceae **葛属** *Pueraria*

　　简要特征： 多年生藤本，长可达 8 米，全株具黄色长硬毛。茎基部木质，具肥厚块状根；三出羽状复叶，顶生小叶菱状卵形；托叶背着。总状花序腋生，翼瓣和龙骨瓣近等长，花冠紫色。荚果扁平，被棕褐色长毛。花期 7~8 月，果期 8~11 月。根可药用。

葛植株　　　　　　　　　　　　　　　　葛花

两型豆

拉丁学名： *Amphicarpaea edgeworthii* Benth.

所属科属： 豆科 Fabaceae 两型豆属 *Amphicarpaea*

　　简要特征：一年生草质藤本。茎纤细，缠绕，长 0.3~1.3 米，被淡褐色柔毛；三出羽状复叶，顶生小叶菱状卵形或扁卵形，长宽近相等。总状花序，花两型，闭锁花和正常花，苞片宿存。果两型，荚果扁平、微弯，地下果圆形或椭圆形。花果期 8~11 月。

两型豆花　　　　　　两型豆地下果　　　　　　　　　两型豆地上荚果

贼小豆

本地俗名： 土小豆

拉丁学名： *Vigna minima* (Roxb.) Ohwi et Ohashi

所属科属： 豆科 Fabaceae 豇豆属 *Vigna*

　　简要特征：一年生草质藤本。茎纤细，缠绕，无毛或被疏毛；三出羽状复叶，小叶全缘，托叶盾状着生。总状花序腋生，花序轴"之"字形曲折，花黄色，龙骨瓣先端作半圆形旋卷。荚果无毛。花果期 8~10 月。

贼小豆植株＆果　　　　　　　　　　　　　　　　贼小豆花

紫穗槐

本地俗名：棉槐

拉丁学名： *Amorpha fruticosa* L.

所属科属：豆科 Fabaceae **紫穗槐属** *Amorpha*

　　简要特征： 落叶灌木，丛生，高 1~4 米。小枝灰褐色；奇数羽状复叶，互生，小叶背面被白色短毛，具黑色腺点。穗状花序，花紫色。荚果下垂。花果期 5~10 月。蜜源植物，枝条可作条编材料。

紫穗槐植株　　　　　　　　　　　　　　　　　　紫穗槐花序

达乌里黄芪（qí）

拉丁学名： *Astragalus dahuricus* (Pall.) DC.

所属科属：豆科 Fabaceae **黄芪属** *Astragalus*

　　简要特征： 一年生或二年生草本，植株被毛。茎直立，高可达 80 厘米，有分枝；奇数羽状复叶，小叶长圆形、倒卵状长圆形或长椭圆形，两面具白色长柔毛。总状花序，花较密，紫色，龙骨瓣短于旗瓣，长于翼瓣。荚果线形，微内弯。花期 7~9 月，果期 8~10 月。全草可作饲料。

达乌里黄芪植株　　　　　　　　　　　　　　　　达乌里黄芪花

米口袋

本地俗名：地丁

拉丁学名： *Gueldenstaedtia verna* (Georgi) Boriss.

所属科属：豆科 Fabaceae **米口袋属** *Gueldenstaedtia*

　　简要特征： 多年生草本，高 10~20 厘米，全株具白柔毛。主根圆锥状；茎极缩短，在根颈上丛生；奇数羽状复叶，丛生于短茎顶端，叶在早春时长仅 2~5 厘米，夏秋间可长达 15 厘米，早生叶被长柔毛，后生叶毛稀疏至无毛。伞形花序，具 6 朵花，红紫色，花序梗长于叶。荚果长圆柱形，开裂。花期 4 月，果期 5~6 月。全草可药用。

米口袋夏秋植株　　　　　　　　　　　　　　　　　　米口袋早春植株

山野豌豆

拉丁学名： *Vicia amoena* Fisch. ex DC.

所属科属：豆科 Fabaceae **野豌豆属** *Vicia*

　　简要特征： 多年生草本，高 30~100 厘米，植株被毛，卷须发达。茎具棱，斜升或攀援；偶数羽状复叶，小叶较小，先端圆，微凹，托叶大。总状花序长于叶，紫色或蓝色。荚果长圆形，两端渐尖，无毛。花期 7~9 月，果期 8~10 月。优良牧草，嫩茎叶可药用。

山野豌豆植株　　　　　　　　　　　　　　　　　　　山野豌豆花

大山黧（lí）豆

拉丁学名： *Lathyrus davidii* Hance

所属科属： 豆科 Fabaceae 山黧豆属 *Lathyrus*

　　简要特征： 多年生草本，高 1~1.8 米。茎直立或上升，有纵沟，无毛；偶数羽状复叶，小叶卵形，具羽状脉，叶轴末端具卷须，托叶大，半箭形。总状花序腋生，约与叶等长，花黄色。荚果线形，具长网纹。花期 5~7 月，果期 6~9 月。

大山黧豆植株　　　　　大山黧豆果

白车轴草

本地俗名： 三叶草

拉丁学名： *Trifolium repens* L.

所属科属： 豆科 Fabaceae 车轴草属 *Trifolium*

　　简要特征： 短期多年生草本，生长期可达 5 年，高 10~30 厘米。茎匍匐蔓生；掌状三出复叶，小叶倒卵形，叶柄较长。顶生花序球形，花序梗较叶长，小花密生，白色、乳黄色或淡红色。花果期 5~10 月。

白车轴草植株　　　　　白车轴草花序

酢（cù）浆草

本地俗名：酸酢

拉丁学名： *Oxalis corniculata* L.

所属科属：酢浆草科 Oxalidaceae **酢浆草属** *Oxalis*

　　简要特征： 多年生草本，高 10~35 厘米，植株被毛。茎直立或匍匐，多分枝；叶互生或基生，指状复叶，常具 3 小叶，表面无紫色斑点，小叶无叶柄。花单生或数朵集成伞形花序，黄色。花果期 5~9 月，全草可药用。

酢浆草植株　　　　　　　　　　　　　　　　酢浆草花

蒺　藜

拉丁学名： *Tribulus terrestris* L.

所属科属：蒺藜科

Zygophyllaceae **蒺藜属**

Tribulus

　　简要特征： 一年生草本，全株被毛。茎基部分枝，平卧，长 1 米左右；偶数羽状复叶，小叶长椭圆形或斜长圆形，对生。单花腋生，花黄色。果由不开裂的果瓣组成，具锐刺。花期 5~8 月，果期 6~9 月。果可药用。

蒺藜植株

牻（máng）牛儿苗

拉丁学名： *Erodium stephanianum* Willd.

所属科属： 牻牛儿苗科 Geraniaceae 牻牛儿苗属 *Erodium*

　　简要特征： 多年生草本，高 15~50 厘米。茎多分枝，被毛；叶卵形或椭圆状卵形，对生，羽状裂，两面被毛。伞形花序腋生，常 2~5 花，花瓣淡紫红色。蒴果具长喙，长约 4 厘米。花期 6~8 月，果期 8~9 月。全草可药用。

牻牛儿苗植株

老鹳草

拉丁学名： *Geranium wilfordii* Maxim.

所属科属： 牻牛儿苗科 Geraniaceae 老鹳草属 *Geranium*

　　简要特征： 多年生草本，高 30~70 厘米，植株有时具腺毛。茎直立或匍匐；叶片肾状三角形，3 深裂，对生，基生叶有长柄。花序聚伞状，花瓣白色或淡红色，基部无斑眼或具宽条状紫斑。花期 6~8 月，果期 8~9 月。全草可药用。

老鹳草植株

青花椒

本地俗名： 山花椒

拉丁学名： *Zanthoxylum schinifolium* Sieb. et Zucc.

所属科属： 芸香科 Rutaceae 花椒属 *Zanthoxylum*

　　简要特征： 落叶灌木，高 1~2 米。茎枝有基部压扁的刺；奇数羽叶复叶，小叶对生，叶正面被短毛或毛状凸体，背面无毛。伞房状聚伞花序，花被片两轮排列，萼片及花瓣均 5 片，花瓣淡黄白色。分果瓣红褐色。花期 7~9 月，果期 9~12 月。果可作食品调味料，根、叶及果均可药用。

青花椒花序　　　　　　　　　　　　　　　　　　　　青花椒果

臭檀吴萸

拉丁学名： *Tetradium daniellii* (Bennett) T. G. Hartley

所属科属： 芸香科 Rutaceae 吴茱萸属 *Tetradium*

　　简要特征： 落叶乔木，高可达 15 米，胸径可达 30 厘米。树皮暗灰色，小枝近红褐色，具皮孔；奇数羽状复叶，对生，小叶卵形至椭圆状卵形。聚伞圆锥花序顶生，雄花序较雌花序小，小花花瓣白色。分果瓣有较长喙状尖。花期 6~7 月，果期 9~10 月。种子可榨油和药用。

臭檀吴萸植株　　　　　　　　　　　　　　　　　　　臭檀吴萸花序

臭 椿

拉丁学名： *Ailanthus altissima* (Mill.) Swingle

所属科属： 苦木科 Simaroubaceae 臭椿属 *Ailanthus*

　　简要特征： 落叶乔木，高可达 20 余米。树皮灰色至灰黑色，小枝黄褐色至红褐色；奇数羽状复叶，互生，小叶对生或近对生，基部两侧各具 1 或 2 个粗锯齿，齿背有腺体 1 个，叶片揉碎后具臭味。圆锥花序，花淡绿色。翅果。花期 4~5 月，果期 6~10 月。树皮、根皮、果实均可药用。

臭椿植株　　　　　　　　　　臭椿花序　　　　　　　　　　臭椿果

苦 木

拉丁学名： *Picrasma quassioides* (D. Don) Benn.

所属科属： 苦木科 Simaroubaceae 苦木属 *Picrasma*

　　简要特征： 落叶乔木，高可达 10 余米。树皮紫褐色至灰黑色，全株有苦味；奇数羽状复叶，小叶边缘有不规则粗锯齿。雌雄异株，圆锥聚伞花序腋生。核果成熟后蓝绿色。花期 4~5 月，果期 6~9 月。

苦木植株　　　　　　　　　　苦木花序　　　　　　　　　　苦木果

楝

本地俗名：苦楝子

拉丁学名： *Melia azedarach* L.

所属科属： 楝科 Meliaceae 楝属 *Melia*

　　简要特征： 落叶乔木，高可达 20 余米。树皮暗褐色，老枝紫褐色，有皮孔；2~3 回奇数羽状复叶，小叶卵形、椭圆形至披针形，边缘具钝齿。圆锥花序常与叶等长，花瓣淡紫色，雄蕊管筒状，紫色。核果近球形，味苦。花期 4~5 月，果期 6~12 月。根皮和果可药用。

楝植株　　　　　　　　楝花＆上年果　　　　　　　　楝树干

远　志

拉丁学名： *Polygala tenuifolia* Willd.

所属科属： 远志科 Polygalaceae 远志属 *Polygala*

　　简要特征： 多年生草本，高 15~50 厘米。根粗壮，韧皮部肉质；茎纤细，被短毛；叶线形，互生。总状花序，花少，花瓣 3 枚，紫色。花果期 5~9 月。根皮可药用。

远志植株

一叶萩

拉丁学名： *Flueggea suffruticosa* (Pall.) Baill.

所属科属： 叶下珠科 Phyllanthaceae 白饭树属 *Flueggea*

　　简要特征： 落叶灌木，高 1~3 米，全株无毛。茎多分枝，小枝有棱；叶纸质，椭圆形或倒卵形，背面浅绿色，互生。花簇生于叶腋，具花盘。蒴果三棱状扁球形，垂于叶下，成熟时淡红褐色，果皮开裂。花期 3~8 月，果期 6~11 月。

一叶萩植株

一叶萩果

蜜甘草

拉丁学名： *Phyllanthus ussuriensis* Rupr. et Maxim.

所属科属： 叶下珠科 Phyllanthaceae 叶下珠属 *Phyllanthus*

　　简要特征： 一年生草本，高 20~60 厘米。茎直立，无毛；单叶互生，通常在侧枝上排成 2 列，呈羽状复叶状，叶柄极短。花较小，单性，雌雄同株，单朵或数朵簇生于叶腋，具花盘，花丝离生。蒴果扁球形，干后开裂。花期 4~7 月，果期 7~10 月。全草可药用。

蜜甘草植株

黄连木

拉丁学名： *Pistacia chinensis* Bunge

所属科属： **漆树科** Anacardiaceae **黄连木属** *Pistacia*

　　简要特征： 落叶乔木，高可达 20 余米。树皮暗褐色；偶数羽状复叶，互生，小叶对生或近对生，披针形或卵状披针形。花单性，雌雄异株，先花后叶，圆锥花序腋生，雄花无不育雌蕊。核果倒卵状球形，略扁，成熟时紫红色。花期 3~5 月，果期 6~10 月。木材鲜黄色，可提取黄色染料，枝、叶、皮、根可药用。

黄连木植株　　　　　　　　　　黄连木枝叶　　　　　　　　　　黄连木雄花序

盐麸木

拉丁学名： *Rhus chinensis* Mill.

所属科属： **漆树科** Anacardiaceae **盐麸木属** *Rhus*

　　简要特征： 落叶小乔木或灌木，高 2~10 米。小枝棕褐色，被锈色柔毛；奇数羽状复叶，叶轴具宽的叶状翅，小叶无叶柄，边缘具粗锯齿。圆锥花序，花白色。核果为略扁的球形，成熟时红色。花期 7~8 月，果期 9~10 月。五倍子蚜虫寄主植物，遭寄生后可在幼枝和叶上形成虫瘿，即五倍子。

盐麸木植株 & 花序　　　　　　　盐麸木果　　　　　　　盐麸木果（成熟后）

卫 矛

本地俗名：老婆梳

拉丁学名： *Euonymus alatus* (Thunb.) Sieb.

所属科属：卫矛科 Celastraceae **卫矛属** *Euonymus*

    简要特征： 落叶灌木，高 1~3 米。小枝四棱形，老枝具 2~4 列宽展木栓翅；叶卵状椭圆形、窄长椭圆形，边缘具齿，两面无毛。聚伞花序 1~3 花，花白绿色。蒴果成熟后常 4 深裂。花期 5~6 月，果期 7~10 月。带栓翅的枝条可入药，秋季叶片颜色变橙红色，具观赏价值。

卫矛花   卫矛果 & 木栓翅   卫矛植株

白 杜

拉丁学名： *Euonymus maackii* Rupr.

所属科属：卫矛科 Celastraceae **卫矛属** *Euonymus*

    简要特征： 落叶小乔木，高可达 6 米。小枝灰绿色，无栓翅；叶卵状椭圆形、卵圆形或窄椭圆形，对生，两面无毛，叶柄细长。聚伞花序 3 至多花，花淡白绿色或黄绿色。蒴果倒圆心状，4 浅裂，成熟后假种皮粉红色。花期 5~6 月，果期 6~9 月。皮、根可药用。

白杜植株   白杜花   白杜果（深秋）

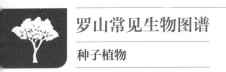

南蛇藤

拉丁学名： *Celastrus orbiculatus* Thunb.

所属科属： 卫矛科 Celastraceae 南蛇藤属 *Celastrus*

　　简要特征： 落叶藤状灌木，长 10~12 米。小枝光滑，棕褐色，具皮孔；叶常阔倒卵形、近圆形或长方椭圆形，背面浅绿色。聚伞花序腋生或少数顶生，小花梗关节在中部以下或近基部。蒴果近球形，成熟时开裂，果皮黄色，种子橙红色。花期 5~6 月，果期 7~10 月。根、藤、果可药用。

南蛇藤植株　　　　　　　南蛇藤花　　　　　　　　　　　　南蛇藤果

乳浆大戟

本地俗名： 猫眼睛

拉丁学名： *Euphorbia esula* L.

所属科属： 大戟科 Euphorbiaceae 大戟属 *Euphorbia*

　　简要特征： 多年生草本，高 20~40 厘米，具白色乳汁。茎单生或丛生；叶线形至卵形，互生，无柄。杯状聚伞花序。蒴果三棱状球形，成熟后开裂成 3 个分果片。花果期 4~10 月。全草有毒，可药用。

乳浆大戟植株　　　　　　　　　　　乳浆大戟花序

元宝槭

拉丁学名： *Acer truncatum* Bunge

所属科属： 无患子科 Sapindaceae 槭属 *Acer*

　　简要特征： 落叶乔木，高 8~12 米。小枝无毛，老枝灰褐色，具皮孔；叶掌状 5 裂，少 7 裂，基部截形，稀微心形。伞房花序顶生，雄花和两性花同株。小坚果果核扁平，脉纹明显，翅常与坚果近等长，两翅成钝角。花期 4 月，果期 5~8 月。

元宝槭花序

元宝槭果

栾

拉丁学名： *Koelreuteria paniculata* Laxm.

所属科属： 无患子科 Sapindaceae 栾属 *Koelreuteria*

　　简要特征： 落叶乔木，高可达 10 米。树皮灰褐色，纵裂；1 回或不完全 2 回羽状复叶，小叶卵形或卵状披针形，边缘有不规则钝锯齿。聚伞圆锥花序，花淡黄色。蒴果圆锥形，顶端渐尖。花期 6~8 月，果期 9~10 月。

栾果

栾花序

圆叶鼠李

拉丁学名: *Rhamnus globosa* Bunge

所属科属: 鼠李科 Rhamnaceae 鼠李属 *Rhamnus*

　　简要特征: 落叶灌木或小乔木,高2~4米。小枝对生或近对生,被短柔毛,顶端具刺;叶倒卵状圆形、卵圆形或近圆形。花单性,雌雄异株。核果球形,成熟时黑色。花期4~5月,果期6~10月。

圆叶鼠李植株

圆叶鼠李果

猫　乳

拉丁学名: *Rhamnella franguloides* (Maxim.) Weberb.

所属科属: 鼠李科 Rhamnaceae 猫乳属 *Rhamnella*

　　简要特征: 落叶灌木或小乔木,高2~9米。幼枝被柔毛;叶背面及叶柄被短毛。花黄绿色,数朵排成腋生聚伞花序。核果圆柱形,形如猫乳,成熟时红色或橘红色。花期5~7月,果期7~10月。根可药用。

猫乳植株

猫乳果

猫乳花

酸　枣

本地俗名：棘子

拉丁学名： *Ziziphus jujuba* var. *spinosa* (Bunge) Hu ex H. F. Chow.

所属科属：鼠李科 Rhamnaceae **枣属** *Ziziphus*

　　简要特征：落叶灌木。枝直立，具刺；叶较小，卵形、卵状椭圆形或卵状矩圆形。花单生或数朵密集成腋生聚伞花序，黄绿色。核果近球形或短长圆形，中果皮薄，味酸。花期6~7月，果期8~10月。蜜源植物，种子酸枣仁可药用。

酸枣植株　　　　　　　　　　　酸枣花　　　　　　　　　　　酸枣果

山葡萄

拉丁学名： *Vitis amurensis* Rupr.

所属科属：葡萄科 Vitaceae **葡萄属** *Vitis*

　　简要特征：落叶木质藤本。具2~3叉分枝的卷须；叶宽卵圆形，不分裂或3~5浅裂，叶背面和叶柄被柔毛，叶背面网脉明显。聚伞圆锥花序。肉质浆果球形，成熟时黑色，可鲜食和酿酒。花期5~6月，果期7~10月。

山葡萄植株　　　　　　　　　　山葡萄花序　　　　　　　　　山葡萄果

葎叶蛇葡萄

本地俗名：老牛筋

拉丁学名： *Ampelopsis humulifolia* Bge.

所属科属：葡萄科 Vitaceae **蛇葡萄属** *Ampelopsis*

　　简要特征： 落叶木质藤本。卷须 2 叉分枝；单叶 3~5 浅裂或中裂，上面无毛，下面无毛或沿脉被疏柔毛。多歧聚伞花序与叶对生。果球形，成熟时淡黄色或蓝色。花期 5~7 月，果期 5~9 月。

葎叶蛇葡萄植株　　　　　　　　葎叶蛇葡萄花　　　　　　　　葎叶蛇葡萄果

地　锦

本地俗名：爬山虎

拉丁学名： *Parthenocissus tricuspidata* (Siebold & Zucc.) Planch.

所属科属：葡萄科 Vitaceae **地锦属** *Parthenocissus*

　　简要特征： 落叶木质大藤本。卷须 5~9 分枝，顶端嫩时膨大呈圆珠形，遇附着物扩大成吸盘；单叶常倒卵圆形，两面无毛或背面沿脉被疏柔毛。多歧聚伞花序。果球形。花期 5~8 月，果期 9~10 月。根茎可药用。

地锦植株　　　　　　　地锦果

紫椴

拉丁学名： *Tilia amurensis* Rupr.

所属科属： 锦葵科 Malvaceae 椴属 *Tilia*

　　简要特征： 落叶乔木，高可达 25 米，胸径可达 1 米。树皮暗灰色；叶阔卵形或卵圆形，正面无毛，背面脉腋有毛丛，叶缘有锯齿。聚伞花序，雄蕊约 20 枚，无退化雄蕊。花期 7 月，果期 8~9 月。蜜源植物。

紫椴植株　　　　　　　　　　紫椴花　　　　　　　　　　紫椴果

小花扁担杆

本地俗名： 小孩拳

拉丁学名： *Grewia biloba* var. *parviflora* (Bunge) Hand.-Mazz.

所属科属： 锦葵科 Malvaceae 扁担杆属 *Grewia*

　　简要特征： 灌木或小乔木，高 1~4 米。嫩枝被粗毛；单叶，菱状卵形，互生，背面密被黄褐色软茸毛。聚伞花序腋生，花朵短小，黄色。核果红色，常形似小孩拳头。花期 5~7 月，果期 7~11 月。

小花扁担杆植株　　　小花扁担杆雄花　　　小花扁担杆雌花　　　小花扁担杆果

光果田麻

拉丁学名： *Corchoropsis crenata* var. *hupehensis* Pampanini

所属科属： 锦葵科 Malvaceae 田麻属 *Corchoropsis*

　　简要特征： 一年生草本，高 30~60 厘米。分枝紫红色；单叶，卵形至长卵形，两面均被星状毛。单花腋生，黄色。角状蒴果光滑无毛。花果期 7~10 月。

光果田麻植株

黄花稔（rěn）

拉丁学名： *Sida acuta* Burm. F.

所属科属： 锦葵科 Malvaceae 黄花稔属 *Sida*

　　简要特征： 直立亚灌木状草本，高 1~2 米。多分枝；单叶线状披针形，疏被星状毛或无毛；托叶常宿存。单花或成对腋生，黄色。蒴果近球形，果皮具网状皱纹。花果期 6~10 月。根、叶可药用。

黄花稔植株　　　　　　黄花稔花

苘（qǐng）麻

本地俗名： 苘饽饽

拉丁学名： *Abutilon theophrasti* Medicus

所属科属： 锦葵科 Malvaceae 苘麻属 *Abutilon*

　　简要特征： 一年生亚灌木状草本，高达 1~2 米，植株被毛。叶圆心形，互生，边缘具圆锯齿，托叶早落。花单生于叶腋，黄色，花梗长，近顶端具节，花萼杯状。蒴果半球形，分果爿（pán）顶端具长芒 2。花果期 7~9 月。可作纺织材料，种子可药用。

苘麻植株　　　　　苘麻花＆果

葛枣猕猴桃

拉丁学名： *Actinidia polygama* (Sieb. et Zucc.) Maxim.

所属科属： 猕猴桃科 Actinidiaceae 猕猴桃属 *Actinidia*

简要特征： 大型落叶木质藤本，植株基本无毛。髓白色，实心。叶正面绿色，前端有时具白色斑块；背面浅绿色，叶脉较发达，沿中脉和侧脉被毛。单花白色，芳香。浆果卵形或柱状卵形，无斑点，有喙，可食用。花期 6 月，果期 9~10 月。

| 葛枣猕猴桃植株 | 葛枣猕猴桃叶片 | 葛枣猕猴桃花 | 葛枣猕猴桃果 |

软枣猕猴桃

拉丁学名： *Actinidia arguta* (Sieb. et Zucc.) Planch. ex Miq.

所属科属： 猕猴桃科 Actinidiaceae 猕猴桃属 *Actinidia*

简要特征： 大型落叶木质藤本。小枝基本无毛，髓白色至褐色，片层状；叶背面绿色，脉腋被白毛。聚伞花序腋生或腋外生，花绿白色或黄绿色，芳香，花药暗紫色。果实成熟时绿黄色，球形或长柱状球形，无斑点，有喙，可食用。花期 6 月，果期 9~10 月。

| 软枣猕猴桃植株 | 软枣猕猴桃雄花 | 软枣猕猴桃两性花 | 软枣猕猴桃果 |

黄海棠

拉丁学名: *Hypericum ascyron* L.

所属科属: 金丝桃科

Hypericaceae 金丝桃属

Hypericum

　　简要特征: 多年生草本,高
0.5~1.3 米。茎单一或数茎丛生,具
4 纵棱;叶披针形、长圆状披针形至
椭圆形,对生,无柄,全缘,基部抱茎。
近伞房状或狭圆锥状花序顶生,花瓣
金黄色,弯曲,花瓣和雄蕊果期宿存。
蒴果成熟后先端 5 裂。花期 7~8 月,
果期 8~9 月。全草可药用。

黄海棠植株

黄海棠花 & 果

赶山鞭

拉丁学名: *Hypericum attenuatum* Choisy

所属科属: 金丝桃科

Hypericaceae 金丝桃属

Hypericum

　　简要特征: 多年生草本,高
15~74 厘米。茎数条丛生,常具 2 条
纵线棱,散生黑色腺点;叶对生,
无柄,全缘,下面散生黑色腺点。
近伞房状或圆锥状花序顶生,花瓣
淡黄色,具黑色腺点,宿存。蒴果
具条状腺斑。花期 7~8 月,果期 8~9
月。全草可药用。

赶山鞭植株

赶山鞭花

鸡腿堇菜

拉丁学名： *Viola acuminata* Ledeb.

所属科属： 堇菜科 Violaceae 堇菜属 *Viola*

　　简要特征： 多年生草本。常无基生叶；地上茎直立，高 10~40 厘米，无毛或上部被白毛；叶心形或卵形，具褐色腺点；托叶常羽状深裂。花淡紫色或近白色，具长梗，花瓣具褐色腺点。蒴果椭圆形，具黄褐色腺点。花果期 5~9 月。全草可药用。

鸡腿堇菜植株

鸡腿堇菜花

细距堇菜

拉丁学名： *Viola tenuicornis* W. Beck.

所属科属： 堇菜科 Violaceae 堇菜属 *Viola*

　　简要特征： 多年生草本，细弱，高 2~13 厘米。无地上茎，根状茎短；叶基生，二至多数，卵形至宽卵形，无毛或沿脉及叶缘有毛，两面均绿色；托叶 2/3 与叶柄合生。花紫堇色，花梗细弱，稍超出或不超出于叶；花距圆筒状，较细，末端圆而微向上弯。蒴果椭圆形，无毛。花果期 4~9 月。

细距堇菜植株

球果堇菜

拉丁学名： *Viola collina* Bess.

所属科属： **堇菜科** Violaceae **堇菜属** *Viola*

　　简要特征： 多年生草本，花期高 4~9 厘米，果期高可达 20 厘米。叶基生，莲座状，宽卵形或近圆形，两面密生白色柔毛，果期叶片显著增大。花淡紫色，具长梗。蒴果球形，密被白色柔毛，成熟时果梗常下弯，果接近地面。花果期 4~9 月。全草可药用。

| 球果堇菜植株 | 球果堇菜花 | 球果堇菜果 |

牛奶子

拉丁学名： *Elaeagnus umbellata* Thunb.

所属科属： **胡颓子科** Elaeagnaceae **胡颓子属** *Elaeagnus*

　　简要特征： 落叶灌木，高 1~4 米。多分枝，幼枝具银白色和黄褐色鳞片；叶全缘或波状皱卷，背面密被银白色鳞片并散生少数褐色鳞片。花黄白色，芳香，1~7 花簇生叶腋，萼筒漏斗形。果近球形，成熟时红色，可食。花期 4~5 月，果期 7~8 月。果、根和叶可药用。

| 牛奶子果 | 牛奶子植株 | 牛奶子花 |

千屈菜

拉丁学名： *Lythrum salicaria* L.

所属科属： **千屈菜科** Lythraceae **千屈菜属** *Lythrum*

　　简要特征： 多年生草本。茎直立，高 30~100 厘米，多分枝，常 4 棱；叶对生或三叶轮生，全缘，无柄。花簇生，排成小聚伞花序，花梗及总梗极短，因此花枝全形似一大型穗状花序。蒴果扁圆形。花果期 7~9 月。观赏植物，全草可药用。

千屈菜植株　　　　　　　　　　　　　　　　千屈菜花

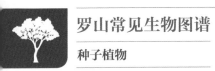
八角枫

拉丁学名： *Alangium chinense* (Lour.) Harms

所属科属： **山茱萸科** Cornaceae **八角枫属** *Alangium*

简要特征：落叶灌木或乔木，高 3~5 米。小枝近圆柱形，略呈"之"字形；单叶互生，近圆形，全缘或 3~9 浅裂，基部两侧常不对称。聚伞花序腋生，常 7~30 花，花瓣线形，白色，后变黄，花冠圆筒形，基部黏合，上部开花时反卷。核果卵圆形。花期 5~7 月，果期 7~11 月。根、茎可药用。

八角枫花

八角枫植株

刺　楸

拉丁学名： *Kalopanax septemlobus* (Thunb.) Koidz.

所属科属： **五加科** Araliaceae **刺楸属** *Kalopanax*

简要特征：落叶乔木，最高可达 30 米，胸径可达 70 厘米以上。小枝散生粗刺，刺基部宽扁；叶掌状浅裂，在长枝上互生，短枝上簇生。花聚生为伞形花序，再组成圆锥花序，花白色或淡绿黄色。果球形，蓝黑色。花期 7~10 月，果期 9~12 月。

刺楸茎＆叶

刺楸植株

南方露珠草

拉丁学名： *Circaea mollis* Sieb. et Zucc.

所属科属： 柳叶菜科 Onagraceae 露珠草属 *Circaea*

　　简要特征： 多年生草本，高 25~150 厘米，被镰状弯曲毛。根状茎不具块茎；叶狭卵形或卵状长圆形，具柄，对生。总状花序顶生，常分枝，花白色，花冠圆筒形，基部黏合，上部开花时反卷。核果卵圆形。花期 7~9 月，果期 8~10 月。

南方露珠草植株

月见草

拉丁学名： *Oenothera biennis* L.

所属科属： 柳叶菜科 Onagraceae 月见草属 *Oenothera*

　　简要特征： 二年生草本。茎高 50~200 厘米，被毛；基生叶莲座状、倒披针形，茎生叶椭圆形至倒披针形、螺旋状互生。穗状花序常不分枝，花黄色。蒴果圆柱形。花期 6~7 月，果期 7~8 月。根可药用。

月见草果

月见草花

月见草植株

北柴胡

拉丁学名： *Bupleurum chinense* DC.

所属科属： 伞形科 Apiaceae 柴胡属 *Bupleurum*

　　简要特征： 多年生草本，高 50~85 厘米。主根粗大，棕褐色；茎表面有细纵槽纹，上部多分枝，略呈"之"字形曲折；基生叶倒披针形或狭椭圆形，基部收缩成柄；茎中部叶倒披针形或广线状披针形，基部收缩成鞘状包茎，背面淡绿色，常有白霜。复伞形花序多花，花瓣黄色，上部内折。果广椭圆形。花期 8~9 月，果期 10 月。根可药用。

北柴胡植株

北柴胡花

北柴胡果

山茴香

拉丁学名： *Carlesia sinensis* Dunn

所属科属： 伞形科 Apiaceae 山茴香属 *Carlesia*

　　简要特征： 多年生草本，植株矮小，高 10~30 厘米。根颈常残留纤维状的叶鞘；茎直立，光滑，有分枝；基生叶长卵形至长圆形，常 3 回羽状全裂，有叶鞘。复伞形花序顶生或腋生，花白色。果长倒卵形至长椭圆状卵形，被毛。花果期 7~10 月。

山茴香植株

拐　芹

拉丁学名： *Angelica polymorpha* Maxim.

所属科属： 伞形科 Apiaceae 当归属 *Angelica*

　　简要特征： 多年生草本，高 0.5~1.5 米。茎中空，有沟纹，节处常呈紫色；叶 2~3 回三出式羽状分裂，叶轴和小叶柄常膝曲或反卷。复伞形花序，花白色，有萼齿。花期 8~9 月，果期 9~10 月。根可药用。

拐芹花

拐芹植株

迎红杜鹃

本地俗名：映山红

拉丁学名： *Rhododendron mucronulatum* Turcz.

所属科属：杜鹃花科 Ericaceae **杜鹃花属**

Rhododendron

　　简要特征： 落叶灌木，高可达 12 米，多分枝。幼枝具稀疏鳞片；叶质薄，椭圆形或椭圆状披针形。花序腋生枝顶或假顶生，常 1~3 花，先叶开放，花冠宽漏斗状，淡红紫色，外面被短柔毛。花期 4~5 月，果期 5~7 月。具观赏价值。

迎红杜鹃花

迎红杜鹃枝叶

照山白

本地俗名：草帘蒙

拉丁学名： *Rhododendron micranthum* Turcz.

所属科属：杜鹃花科 Ericaceae **杜鹃花属** *Rhododendron*

　　简要特征： 常绿灌木，高可达 2.5 米。枝条灰褐色，幼枝具细鳞和柔毛；叶近革质，长椭圆形，较小。花较小，花冠钟状，白色。蒴果长圆形。花期 5~6 月，果期 8~11 月。有剧毒。

照山白植株

照山白花

照山白果

狭叶珍珠菜

拉丁学名： *Lysimachia pentapetala* Bunge

所属科属： 报春花科 Primulaceae 珍珠菜属 *Lysimachia*

简要特征：一年生草本，无毛。茎直立，高 30~60 厘米，圆柱形，密被褐色腺体；叶互生，狭披针形至线形；叶柄短。总状花序顶生，花白色，分裂近达基部；苞片钻形。花期 7~8 月，果期 8~9 月。

狭叶珍珠菜植株　　　　狭叶珍珠菜花

狼尾花

拉丁学名： *Lysimachia barystachys* Bunge

所属科属： 报春花科 Primulaceae 珍珠菜属 *Lysimachia*

简要特征：多年生草本，全株被毛。茎直立，高 30~100 厘米；叶披针形或倒披针形，互生或近对生，近无柄。总状花序顶生，小花排列密集，常转向一侧，花白色。花期 5~8 月，果期 8~10 月。全草可药用。

狼尾花植株

点地梅

拉丁学名： *Androsace umbellata* (Lour.) Merr.

所属科属： 报春花科 Primulaceae 点地梅属 *Androsace*

简要特征：一年生或二年生草本，被柔毛。叶基生，近圆形，边缘具钝齿。花葶较长，高 5~15 厘米，伞形花序，花白色。花期 3~4 月，果期 5~6 月。全草可药用。

点地梅植株

柿

拉丁学名：*Diospyros kaki* Thunb.

所属科属：**柿科** Ebenaceae **柿属** *Diospyros*

　　简要特征：落叶乔木，高可达 15 米，胸径可达 0.6 米。枝开展，老枝无毛；叶革质，椭圆形至近圆形，老叶正面深绿色、有光泽、无毛，背面绿色、常被毛（少数仅沿中脉被毛）。雌雄异株，少数同株，聚伞花序腋生，雄花序弯垂，具 3~5 朵花，花冠钟形、黄白色；雌花为单花，花冠壶形，黄白色略带紫红色。果形多样，成熟时橙黄色，可食用。花期 5~6 月，果期 9~10 月。果、根、叶可药用。

柿花

柿果

君迁子

本地俗名：**软枣**

拉丁学名：*Diospyros lotus* L.

所属科属：**柿科** Ebenaceae **柿属** *Diospyros*

　　简要特征：落叶乔木，高可达 30 米，胸径可达 1.3 米。小枝褐色或棕色，有纵裂的皮孔；叶近膜质，椭圆形至长椭圆形，下面被毛。雌雄异株，雄花 1~3 朵簇生，腋生；雌花为单花，花冠壶形，红色或带黄色。果成熟时蓝黑色，可食用。花期 5~6 月，果期 10~11 月。

君迁子植株

君迁子枝叶

君迁子花

君迁子果

花曲柳

本地俗名：山蜡条

拉丁学名： *Fraxinus chinensis* subsp. *rhynchophylla* (Hance) E. Murray

所属科属：木樨科 Oleaceae **梣（** chén **）属** *Fraxinus*

　　简要特征： 落叶乔木，高 12~15 米。嫩枝、叶背面及花序被疏柔毛或无毛；枝灰褐色，散生皮孔；叶对生，奇数羽状复叶，顶生小叶显著大于侧生小叶。圆锥花序，雄花和两性花异株。翅果线形，具宿存萼。花期 4~5 月，果期 6~10 月。枝条可作条编材料。

花曲柳植株　　　　　　花曲柳树干　　　　　　花曲柳果

连　翘

拉丁学名： *Forsythia suspensa* (Thunb.) Vahl

所属科属：木樨科 Oleaceae **连翘属** *Forsythia*

　　简要特征： 落叶灌木。枝开展或下垂，高 1~3 米，节间中空；叶卵形至椭圆形，对生，单叶或 3 裂。花先叶开放，花冠钟状，4 裂，黄色。花期 3~4 月，果期 5~9 月。具观赏价值，叶和果实可药用。

连翘植株　　　　　　连翘花　　　　　　连翘枝叶

巧玲花

本地俗名：野丁香

拉丁学名： *Syringa pubescens* Turcz.

所属科属： **木樨科** Oleaceae **丁香属**
Syringa

　　简要特征： 落叶灌木，高 1~4 米。小枝稍四棱形，疏生皮孔；叶单生，卵形、椭圆状卵形或菱状卵形，全缘，背面略被毛。圆锥花序常由侧芽抽生，花冠和花药紫色。果长椭圆形，皮孔明显。花期 5~6 月，果期 6~8 月。具观赏价值。

巧玲花植株

巧玲花果

巧玲花花序

白 檀

本地俗名：白米子

拉丁学名： *Symplocos paniculata* (Thunb.) Miq.

所属科属：山矾科 Symplocaceae **山矾属** *Symplocos*

　　简要特征： 落叶灌木或小乔木，高可达 6 米。嫩枝、叶背面及花序被疏柔毛或无毛；叶纸质，椭圆形或倒卵形，粗糙，边缘具锯齿。圆锥花序开散，花白色，芳香。核果近球形，成熟时蓝色，歪斜。花期 4~5 月，果期 8~10 月。

白檀花　　　　　　　　　　　　　　　　白檀果实

罗布麻

拉丁学名： *Apocynum venetum* L.

所属科属：夹竹桃科 Apocynaceae **罗布麻属**
Apocynum

　　简要特征： 半灌木，高 1.5~3 米，具乳汁。茎直立，紫红色；叶对生，椭圆状披针形，边缘具细齿，顶端具小尖头。圆锥状聚伞花序常顶生，花冠钟形，紫红色或粉红色。蓇葖果细长圆筒形，平滑无毛。花期 5~9 月，果期 7~12 月。纤维植物，蜜源植物，根可药用。

罗布麻花　　　　　　　　罗布麻植株

萝　藦

本地俗名：大瓜蒌

拉丁学名： *Cynanchum rostellatum* (Turcz.) Liede & Khanum

所属科属：夹竹桃科 Apocynaceae **鹅绒藤属** *Cynanchum*

　　简要特征： 多年生草质藤本，长可达 8 米，具乳汁。叶对生，卵状心形，老叶无毛。总状式聚伞花序腋生或腋外生，花冠白色，有淡紫色斑纹，裂片上部反折，内面被毛。蓇葖果纺锤形，平滑无毛。花期 7~8 月，果期 9~12 月。全株可药用。

萝藦植株　　　　　　　　　　　　　　　　　萝藦花

地梢瓜

拉丁学名： *Cynanchum thesioides* (Freyn) K. Schum.

所属科属：夹竹桃科 Apocynaceae **鹅绒藤属** *Cynanchum*

　　简要特征： 多年生草本，高 20~40 厘米。具纺锤形肉质根；茎自基部多分枝；叶对生，线形，背面中脉隆起。伞形聚伞花序腋生，花冠绿白色。蓇葖果纺锤形，表面具细纵纹，被灰黄色毛。花期 3~8 月，果期 8~10 月。全草可药用。

地梢瓜植株

隔山消

本地俗名：小瓜蒌

拉丁学名： *Cynanchum wilfordii* (Maxim.) Hook. F.

所属科属：夹竹桃科 Apocynaceae **鹅绒藤属** *Cynanchum*

　　简要特征： 多年生草质藤本。具纺锤形肉质根；茎缠绕，长可达 2 米，被单列毛；叶对生，卵形，基部耳状心形，两面被毛。近伞房状聚伞花序半球形，花冠淡黄色，辐状，内面被长柔毛。蓇葖果披针形。花期 5~9 月，果期 7~11 月。地下块根可药用。

隔山消花序

隔山消植株 & 果

徐长卿

本地俗名：百毒草

拉丁学名： *Vincetoxicum pycnostelma* Kitag.

所属科属：夹竹桃科 Apocynaceae **白前属** *Vincetoxicum*

　　简要特征： 多年生草本，高可达 1 米。茎直立，基本无毛；叶对生，窄披针形或线形。聚伞花序顶生或近顶生，花冠黄绿色，无毛。蓇葖果披针状圆柱形。花期 5~7 月，果期 8~12 月。全草可药用。

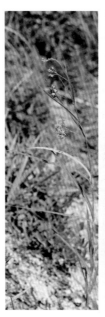

徐长卿植株

徐长卿花

徐长卿果

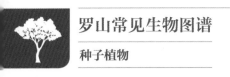

南方菟丝子

拉丁学名： *Cuscuta australis* R. Br.

所属科属： 旋花科 Convolvulaceae 菟丝子属 *Cuscuta*

　　简要特征： 一年生寄生草本。茎纤细，缠绕，金黄色，无叶。小伞形或小团伞花序侧生，花冠乳白色或淡黄色，花柱 2，柱头球形。蒴果扁球形，下半部为宿存花冠所包，成熟时不规则开裂。花果期 6~8 月。种子可药用。

南方菟丝子植株　　　　　　　　　　　　　　　　　南方菟丝子花

金灯藤

拉丁学名： *Cuscuta japonica* Choisy

所属科属： 旋花科 Convolvulaceae 菟丝子属 *Cuscuta*

　　简要特征： 一年生寄生草本。茎较粗壮，肉质，黄色，常带紫红色瘤状斑点，无毛，多分枝，无叶。穗状花序，花冠钟状，淡红色或绿白色，柱头 2 裂。蒴果卵圆形，近基部周裂。花期 8~9 月，果期 9~10 月。种子可药用。

金灯藤植株　　　　　　　　　　　　　　　　　　　金灯藤花

打碗花

拉丁学名： *Calystegia hederacea* Wall.

所属科属： 旋花科 Convolvulaceae 打碗花属 *Calystegia*

简要特征：一年生草本，全株无毛，高 8~40 厘米。植株常矮小铺地；茎有细棱；基部叶长圆形，基部戟形，上部叶片 3 裂。单花腋生，花冠淡紫色或淡红色，钟状。蒴果卵球形，宿存萼片及苞片与果近等长或稍短。花果期 5~8 月。根可药用。

打碗花植株

圆叶牵牛

本地俗名： 喇叭花

拉 丁 学 名： *Ipomoea purpurea* Lam.

所属科属： 旋花科 Convolvulaceae 牵牛属 *Pharbitis*

简要特征：一年生草质藤本，具乳汁。茎缠绕，被毛；叶圆心形或宽卵状心形，全缘，两面被毛。单花或聚伞花序腋生，花冠喇叭状，紫红色、红色或白色。蒴果卵球形，3 瓣裂。花期 7~9 月，果期 9~11 月。种子可药用。

圆叶牵牛植株　　　　圆叶牵牛花

牵 牛

拉丁学名： *Ipomoea nil* (Linnaeus) Roth

所属科属： 旋花科 Convolvulaceae 牵牛属 *Pharbitis*

简要特征：一年生草质藤本。茎缠绕，被毛；叶宽卵形或近圆形，3 裂，稀 5 裂。单花或 2 朵花腋生，花冠喇叭状，蓝紫色或紫红色。蒴果卵球形，3 瓣裂。花期 7~9 月，果期 9~11 月。种子可药用。

牵牛植株

紫　草

拉丁学名： *Lithospermum erythrorhizon* Sieb. et Zucc.

所属科属： 紫草科 Boraginaceae 紫草属 *Lithospermum*

简要特征：多年生草本，根富含紫色物质。茎直立，高 40~90 厘米，被毛；叶卵状披针形至宽披针形，两面被毛，背面叶脉凸起。聚伞花序，花冠白色，喉部附属物无毛。坚果卵球形。花果期 6~9 月。根可药用。

紫草植株　　　　紫草花

多苞斑种草

拉丁学名： *Bothriospermum secundum* Maxim.

所属科属： 紫草科 Boraginaceae 斑种草属 *Bothriospermum*

简要特征：一年生或二年生草本，高 25~40 厘米，全株被毛。茎单一或数条丛生；基生叶倒卵状长圆形，有柄，茎生叶长圆形或卵状披针形，无柄。聚伞花序长 10~20 厘米，花冠蓝色至淡蓝色，喉部附属物长约 0.8 毫米。小坚果腹面有纵椭圆形的环状凹陷。花果期 5~8 月。

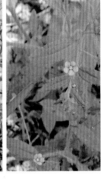

多苞斑种草植株　　　　多苞斑种草花

附地菜

本地俗名： 雀脑子

拉丁学名： *Trigonotis peduncularis* (Trev.) Benth. ex Baker et Moore

所属科属： 紫草科 Boraginaceae 附地菜属 *Trigonotis*

简要特征：一年生或二年生草本。茎常丛生，铺散，高 5~30 厘米；基生叶呈莲座状，有叶柄，叶片匙形。聚伞花序顶生，幼时卷曲，后渐伸长，花冠淡蓝色或粉色。小坚果斜三棱锥状四面体。花期 3~6 月，果期 5~7 月。全草可药用。

附地菜植株

黄　荆

拉丁学名： *Vitex negundo* L.

所属科属： 唇形科 Lamiaceae **牡荆属** *Vitex*

　　简要特征： 落叶灌木或小乔木。小枝四棱形，被灰白色绒毛；掌状复叶，常 5 小叶，全缘或每边有少数粗锯齿，背面被毛。聚伞花序排成圆锥花序式，顶生，花冠淡紫色。核果近球形，宿萼与果近等长。花期 4~6 月，果期 7~10 月。蜜源植物，茎、叶、果及根均可药用。

黄荆植株

荆　条

本地俗名： 荆子

拉丁学名： *Vitex negundo* var. *heterophylla* (Franch.) Rehd.

所属科属： 唇形科 Lamiaceae **牡荆属** *Vitex*

　　简要特征： 形态特征与黄荆近似，区别是荆条的小叶片边缘有缺刻状锯齿，浅裂以至深裂，背面密被灰白色绒毛。花期 4~6 月，果期 7~10 月。

荆条植株

荆条花序

海州常山

本地俗名：臭梧桐

拉丁学名： *Clerodendrum trichotomum* Thunb.

所属科属：唇形科 Lamiaceae **大青属** *Clerodendrum*

简要特征：落叶灌木或小乔木，高 1.5~10 米，植株常被短柔毛，有臭味。叶片纸质，卵形至三角状卵形，对生。伞房状聚伞花序顶生或腋生，花冠白色或带粉红色，高脚碟状，雄蕊显著长出花冠外。核果近球形，成熟时外果皮蓝紫色，宿萼红色。花果期 6~11 月。根、茎、叶、花可药用。

海州常山果（宿萼闭合）　　海州常山果（宿萼张开）

海州常山花　　海州常山植株

日本紫珠

拉丁学名： *Callicarpa japonica* Thunb.

所属科属：唇形科 Lamiaceae **紫珠属** *Callicarpa*

简要特征：落叶灌木，高约 2 米。小枝圆柱形，无毛；叶常倒卵形，对生，两面无毛。聚伞花序腋生，短小细弱，花冠白色或淡紫色，花丝与花冠等长或稍长。果球形，成熟后紫色。花期 6~7 月，果期 8~10 月。

日本紫珠花序　　日本紫珠果

京黄芩（qín）

拉丁学名： *Scutellaria pekinensis* Maxim.

所属科属： 唇形科 Lamiaceae 黄芩属 *Scutellaria*

　　简要特征： 一年生草本。根茎细长；茎直立，高 24~40 厘米，四棱形，被疏毛；叶草质，卵圆形，对生，边缘具齿，两面被毛。总状花序顶生，背腹向，花对生，花冠较大，蓝紫色，花萼上具盾片。果球形，成熟后紫色。花期 6~8 月，果期 7~10 月。

京黄芩植株

黄　芩

拉丁学名： *Scutellaria baicalensis* Georgi

所属科属： 唇形科 Lamiaceae 黄芩属 *Scutellaria*

　　简要特征： 多年生草本；具肥厚的肉质根茎；茎基部伏地上升，高 15~120 厘米，四棱形，近无毛；叶坚纸质，披针形至线状披针形，对生，近无毛，下面具凹腺点。总状花序生于茎及枝顶端，在植株上部聚成圆锥花序，花冠紫色、紫红色至蓝色，花萼上具盾片。小坚果卵球形，成熟后黑褐色，具瘤。花期 7~8 月，果期 8~9 月。根茎可药用。

黄芩植株

黄芩花序

夏至草

拉丁学名： *Lagopsis supina* (Stephan ex Willd.) Ikonn.-Gal.

所属科属： 唇形科 Lamiaceae 夏至草属 *Lagopsis*

　　简要特征： 多年生草本。茎高 15~35 厘米，四棱形，密被柔毛；叶对生，近圆形，多皱缩，两面被毛。轮伞花序腋生，在枝上组成稀疏的穗状花序，不被毛，花冠白色，少数粉红色；小苞片刺状。花期 3~4 月，果期 5~6 月。

夏至草植株　　　　　　　　　　　　　　　　　　　　　　　　夏至草花

糙　苏

拉丁学名： *Phlomoides umbrosa* (Turcz.) Kamelin & Makhm.

所属科属： 唇形科 Lamiaceae 糙苏属 *Phlomoides*

　　简要特征： 多年生草本。茎高 50~150 厘米，四棱形，被毛，带紫红色；叶对生，近圆形、圆卵形至卵状长圆形，边缘具齿，两面被毛。轮伞花序，花冠粉红色或紫红色，稀白色，少数粉红色。花果期 6~9 月。根可药用。

糙苏植株　　　　　　　　　　　　　　　　糙苏花　　　　　　　　　　糙苏花序

益母草

拉丁学名： *Leonurus japonicus* Houttuyn

所属科属： 唇形科 Lamiaceae 益母草属 *Leonurus*

　　简要特征： 一年生或二年生草本。茎直立，高 30~120 厘米，四棱形，被毛，带紫红色；叶对生，近掌状分裂，边缘具齿，两面被毛。轮伞花序，花冠粉红色或紫红色，稀白色，少数粉红色。花期 6~9 月，果期 9~10 月。全草可药用。

益母草花　　　　　　　　　益母草植株

荔枝草

拉丁学名： *Salvia plebeia* R. Br.

所属科属： 唇形科 Lamiaceae
鼠尾草属 *Salvia*

　　简要特征： 一年生或二年生草本。茎直立，高 15~90 厘米，多分枝，被毛；叶对生，椭圆状卵圆形，皱缩，边缘具齿。轮伞花序顶生，组成总状圆锥花序，花萼钟形，花冠二唇形，淡红色至蓝紫色。花期 4~5 月，果期 6~7 月。全草可药用。

荔枝草植株

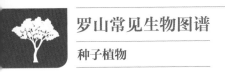

丹　参

拉丁学名： *Salvia miltiorrhiza* Bunge

所属科属： 唇形科 Lamiaceae 鼠尾草属 *Salvia*

　　简要特征： 多年生草本，具红色肉质根。茎直立，高 40~80 厘米，四棱形，密被长毛；奇数羽状复叶，小叶卵圆形、椭圆状卵圆形或宽披针形，边缘具圆齿，两面被毛。轮伞花序，花萼钟形，花冠蓝紫色，冠筒常外伸并向上弯曲。花果期 4~8 月。根可药用。

丹参植株　　　　　　　　　　　　　　　　　丹参花序

地　椒

拉丁学名： *Thymus quinquecostatus* Cêlak.

所属科属： 唇形科 Lamiaceae 百里香属 *Thymus*

　　简要特征： 半灌木。茎匍匐或斜升，被毛，常具不育枝；叶小，全缘，边稍外卷，两面无毛。花枝多数，高 3~15 厘米，头状花序，花紫色或淡紫色；花萼上唇齿披针形。花果期 6~9 月。全株气味芳香，可作调味料，亦可药用。

地椒植株

香薷（rú）

本地俗名： 皮子骚

拉丁学名： *Elsholtzia ciliata* (Thunb.) Hyland.

所属科属： 唇形科 Lamiaceae 香薷属 *Elsholtzia*

简要特征：一年生草本，高 0.3~0.5 米，香气浓烈。茎直立，常自中部以上分枝；叶卵形或椭圆状披针形，边缘具锯齿。轮伞花序排成的穗状花序常偏向一侧，花冠淡紫色；萼齿 5，前两齿比后三齿长。花期 7~10 月，果期 10 月至翌年 1 月。全草可药用。

香薷植株　　　　　　　　　　　　　　　香薷花

蓝萼香茶菜

拉丁学名： *Isodon japonicus* var. *glaucocalyx* (Maximowicz) H. W. Li

所属科属： 唇形科 Lamiaceae 香茶菜属 *Isodon*

简要特征：多年生草本。茎直立，高 0.4~1.5 米，上部多分枝；叶对生，卵形或宽卵形，疏被短柔毛及腺点，先端顶齿卵形或披针形而渐尖，叶缘锯齿较钝。轮伞花序排成圆锥状，花冠淡紫色、紫色至蓝色；花萼常带蓝色，外面被毛。花期 7~8 月，果期 9~10 月。全草可药用。

蓝萼香茶菜植株　　　　　　　　蓝萼香茶菜花

内折香茶菜

拉丁学名： *Isodon inflexus* (Thunb.) Kudo

所属科属： 唇形科 Lamiaceae 香茶菜属 *Isodon*

　　简要特征： 多年生草本。茎曲折，高 0.4~1.5 米，自下部多分枝；叶对生，三角状阔卵形或阔卵形，叶缘具粗大锯齿。聚伞花序常组合成复合圆锥花序，花冠淡红色至青紫色，上唇外翻，下唇内折。花期 7~8 月。

内折香茶菜花

内折香茶菜植株

多花筋骨草

拉丁学名： *Ajuga multiflora* Bunge

所属科属： 唇形科 Lamiaceae 筋骨草属 *Ajuga*

　　简要特征： 多年生草本。茎直立，高 6~20 厘米，不分枝，密被白色长柔毛；叶对生，长圆形，纸质，两面被毛，边缘具圆齿。轮伞花序，花萼宽钟形，密被长毛，花冠筒状，蓝色至蓝紫色。花期 4~5 月，果期 5~6 月。

多花筋骨草植株

枸　杞

拉丁学名： *Lycium chinense* Miller

所属科属： 茄科 Solanaceae 枸杞属 *Lycium*

　　简要特征： 落叶灌木，高可达 0.5~2 米。多分枝，枝条常弓状弯曲或俯垂，棘刺常生叶和花；单叶互生或 2~4 枚簇生，披针形或长椭圆状披针形。长枝上单花或 2 朵腋生，短枝上多朵花簇生；花萼宿存，花冠淡紫色。浆果成熟时红色，可药用。花果期 6~11 月。

枸杞植株

曼陀罗

拉丁学名： *Datura stramonium* L.

所属科属： 茄科 *Solanaceae* 曼陀罗属 *Datura*

　　简要特征： 多年生草本，高 0.5~2 米。茎直立，上部多分枝，淡绿色或紫色；单叶互生，阔卵形，边缘具不规则波状浅裂。花单生叶腋或枝杈间，花萼筒状，花冠漏斗状，上部白色或淡紫色，下部淡绿色。蒴果直立，卵状，表面生有坚硬针刺，成熟后淡黄色，规则 4 瓣裂。花期 6~10 月，果期 7~11 月。花可药用。

曼陀罗植株

曼陀罗果

龙 葵

拉丁学名： *Solanum nigrum* L.

所属科属： **茄科** Solanaceae **茄属** *Solanum*

简要特征：一年生草本，高 0.3~1 米。茎直立，上部多分枝；单叶互生，卵形。短蝎尾状花序腋外生，花冠白色。浆果成熟时黑色。花期 5~8 月，果期 7~11 月。全草可药用。

龙葵植株

透骨草

拉丁学名： *Phryma leptostachya* subsp. *asiatica* (Hara) Kitamura

所属科属： **透骨草科** Phrymaceae **透骨草属** *Phryma*

简要特征：多年生草本，高 10~100 厘米。茎直立，四棱形，被短柔毛，少数无毛；单叶对生，卵形或三角状阔卵形，两面被毛，具齿。穗状花序生茎顶及侧枝顶端，花左右对称，花冠蓝紫色、淡紫色至白色，漏斗状筒形。花期 6~10 月，果期 8~12 月。

透骨草植株

透骨草花

山罗花

拉丁学名： *Melampyrum roseum* Maxim.

所属科属：列当科 Orobanchaceae **山罗花属** *Melampyrum*

　　简要特征： 一年生草本，植株被鳞片状短毛。茎直立，高 15~80 厘米，常多分枝；叶片披针形至卵状披针形，对生，全缘；苞叶通常具芒状或刺毛状长齿。花单生于苞叶腋中，集成总状花序或穗状花序，花冠红紫色、紫色或淡紫色。花期 6~10 月。全草可药用。

山罗花植株

山罗花花

松　蒿

拉丁学名： *Phtheirospermum japonicum* (Thunb.) Kanitz

所属科属：列当科 Orobanchaceae **松蒿属** *Phtheirospermum*

　　简要特征： 一年生草本，高可达 100 厘米，植株密被腺毛。茎常多分枝；叶长三角状卵形，对生，近基部一回羽状全裂，基部下延为狭翅，小裂片常卵形。总状花序，花冠紫红色或淡紫色。花果期 6~10 月。全草可药用。

松蒿植株

弹刀子菜

拉丁学名： *Mazus stachydifolius* (Turcz.) Maxim.

所属科属： 通泉草科 Mazaceae 通泉草属 *Mazus*

简要特征：多年生草本，高 10~50 厘米，全株被长柔毛。茎直立，圆柱形；基生叶匙形，茎生叶长椭圆形至倒卵状披针形，对生，上部常互生。总状花序顶生，花萼漏斗状，萼裂片长于萼筒，花冠蓝紫色；子房被毛。花期 4~6 月，果期 6~8 月。

弹刀子菜植株　　　　　　　弹刀子菜花

通泉草

拉丁学名： *Mazus pumilus* (N. L. Burman) Steenis

所属科属： 通泉草科 Mazaceae 通泉草属 *Mazus*

简要特征：一年生草本，高 3~30 厘米，无毛或被短柔毛。茎匍匐或斜升；叶倒卵状匙形至卵状倒披针形，基生叶莲座状或早落，茎生叶对生或互生。总状花序顶生，花萼钟状，萼裂片与萼筒近等长或稍短，花冠白色、紫色或蓝色；子房无毛。花果期 4~10 月。

通泉草植株　　　　　　　通泉草花

平车前

拉丁学名：*Plantago depressa* Willd.

所属科属：**车前科** Plantaginaceae
车前属 *Plantago*

　　简要特征：一年生或二年生草本，植株被毛或无毛。具长直根；叶基生，呈莲座状，纸质，椭圆形、椭圆状披针形或卵状披针形，边缘具齿，上面略凹陷，下面明显隆起，两面均被毛；叶柄基部扩大成鞘状，长1~5厘米。花葶长4~35厘米，有浅槽，穗状花序细圆柱状，上部密集，基部常间断，花冠白色，无毛。花期5~7月，果期7~9月。种子及全草可药用。

平车前植株　　　　　平车前整株

大车前

拉丁学名：*Plantago major* L.

所属科属：**车前科**
Plantaginaceae **车前属** *Plantago*

　　简要特征：二年生或多年生草本，植株被毛。须根系；叶基生，全长7~30厘米，呈莲座状，草质或纸质，宽卵形至宽椭圆形，边缘具齿或近全缘，两面被毛或近无毛；叶柄基部呈鞘状。花葶长21~38厘米，有槽，穗状花序细圆柱状，基部常间断，花冠白色，无毛。花期6~8月，果期7~9月。种子及全草可药用。

大车前植株

细叶水蔓菁

拉丁学名： *Pseudolysimachion linariifolium* (Pallas ex Link) Holub

所属科属： 车前科 Plantaginaceae 兔尾苗属 *Pseudolysimachion*

简要特征：多年生草本。根状茎短；茎直立，高 30~80 厘米，单生，少数 2 枝丛生，被毛；单叶互生或茎下部叶对生，条形至条状长椭圆形。总状花序单支或数支复出，长穗状，花冠蓝色、紫色，少白色。花期 6~9 月。

细叶水蔓菁植株

细叶水蔓菁花序

婆婆纳

拉丁学名： *Veronica polita* Fries

所属科属： 车前科 Plantaginaceae 婆婆纳属 *Veronica*

简要特征：一年生草本。茎铺散，高 10~25 厘米；叶心形至卵形，仅 2~4 对，两边具钝齿；苞片叶状，互生。总状花序较长，花冠淡紫色、蓝色、粉色或白色。蒴果近于肾形，凹口约为 90 度角，裂片顶端圆。花期 3~4 月，果期 4~5 月。

婆婆纳植株

婆婆纳花

阿拉伯婆婆纳

拉丁学名： *Veronica persica* Poir.

所属科属： **车前科** Plantaginaceae **婆婆纳属** *Veronica*

简要特征：一年生草本。形态特征与婆婆纳近似，区别是花梗明显长于苞片；蒴果表面明显具网脉，凹口大于 90 度角，裂片顶端钝而不浑圆。花期 3~4 月，果期 4~5 月。

阿拉伯婆婆纳植株

草本威灵仙

拉丁学名： *Veronicastrum sibiricum* (L.) Pennell

所属科属： **车前科** Plantaginaceae **腹水草属** *Veronicastrum*

简要特征：多年生草本。茎直立，高可达 1 米，圆柱形，不分枝；叶 4~6 枚轮生，矩圆形至宽条形。穗状花序顶生，长尾状，花冠红紫色、紫色或淡紫色。花期 7~9 月。全草及根可药用。

草本威灵仙植株　　　　　草本威灵仙花序

茜（qiàn）草

本地俗名： 绿伞子

拉丁学名： *Rubia cordifolia* L.

所属科属： 茜草科 Rubiaceae 茜草属 *Rubia*

　　简要特征： 多年生草质藤本，长 1.5~3.5 米。茎攀援，四棱形，被倒生皮刺；叶卵形至卵状披针形，常 4 片轮生，少数 8 片轮生，基部心形。聚伞花序顶生或腋生，花冠淡黄色或白色，辐状。果球形，成熟时紫黑色。花期 6~9 月，果期 7~11 月。根可药用。

茜草植株

山东茜草

本地俗名： 绿伞子

拉丁学名： *Rubia truppeliana* Loes.

所属科属： 茜草科 Rubiaceae 茜草属 *Rubia*

　　简要特征： 多年生草质藤本，长可达 2 米。茎匍匐或攀援，四棱形，被倒生皮刺；叶披针形至线状披针形，6 或 8 片轮生，少数 4 片轮生，基部楔形或短尖，掌状基出脉 3 条。聚伞花序顶生，花冠绿白色，辐状。花期 6~9 月，果期 7~11 月。

山东茜草植株

山东茜草花

异叶轮草

拉 丁 学 名: *Galium maximoviczii* (Komarov) Pobedimova

所属科属: 茜草科 Rubiaceae 拉拉藤属 *Galium*

简要特征: 多年生草本, 高 0.3~1 米。茎四棱形, 无毛; 叶椭圆形或卵状披针形, 4~8 片轮生, 常 3 脉。聚伞花序再组成圆锥花序, 花冠白色, 钟状, 裂片 4 枚。花期 6~7 月, 果期 7~10 月。

异叶轮草植株

宜昌荚蒾

拉丁学名: *Viburnum erosum* Thunb.

所属科属: 荚蒾科 Viburnaceae 荚蒾属 *Viburnum*

简要特征: 落叶灌木, 高可达 3 米。当年小枝连同芽、叶柄和花序均被毛; 单叶对生, 卵形或卵状披针形, 纸质, 边缘具齿, 叶柄具托叶。聚伞花序生于对生的侧枝顶端, 排成复伞形, 花冠白色, 辐状。果红色。花期 4~5 月, 果期 8~10 月。

宜昌荚蒾果

宜昌荚蒾花

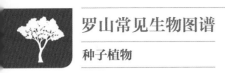
忍 冬

本地俗名： 金银花

拉丁学名： *Lonicera japonica* Thunb.

所属科属： 忍冬科 Caprifoliaceae 忍冬属 *Lonicera*

　　简要特征： 半常绿藤本。幼枝密被黄褐色毛；叶片卵形至矩圆状卵形，对生，全缘。花冠白色，后变黄色，唇形。浆果球形，成熟时蓝黑色，有光泽。花期4~6月，果期10~11月。花可药用。

忍冬植株　　　　　　　　　　　　　　　　　　忍冬花　　　　　忍冬果

苦糖果

拉丁学名： *Lonicera fragrantissima* var. *lancifolia* (Rehder) Q. E. Yang

所属科属： 忍冬科 Caprifoliaceae 忍冬属 *Lonicera*

　　简要特征： 落叶灌木。幼枝被毛；叶卵形或卵状披针形，对生，全缘，两面被毛。花先叶开放，花冠白色，唇形，芳香，相邻两花的萼筒连合。浆果为合生果，分叉状，成熟时红色，味甜，可食用。花期3~4月，果期5~6月。嫩枝、叶可药用。

苦糖果植株　　　　　　　　　苦糖果花　　　　　　　　苦糖果果

锦带花

本地俗名： 孔竹

拉丁学名： *Weigela florida* (Bunge) A. DC.

所属科属：忍冬科 Caprifoliaceae **锦带花属** *Weigela*

　　简要特征： 落叶灌木，高 1~3 米。幼枝略四棱形，被 2 列毛；叶椭圆形至倒卵状椭圆形，对生，边缘具锯齿，两面被毛。单花或聚伞花序腋生或顶生，花冠紫红色或玫瑰红色，萼檐裂至中部，萼齿披针形。种子不具翅。花期 4~6 月，果期 6~10 月。具观赏价值。

锦带花植株　　　　　　　　　　　锦带花花　　　　　　　　　　锦带花果

败　酱

拉丁学名： *Patrinia scabiosifolia* Link

所属科属：忍冬科 Caprifoliaceae **败酱属** *Patrinia*

　　简要特征： 多年生草本，高 1~2 米。茎直立，被毛；基生叶丛生，长卵形，边缘具锯齿，两面被毛；茎生叶对生，常羽状深裂或全裂。聚伞花序组成伞房花序，花序梗仅上方一侧被毛，花冠黄色，具腐败的酱臭味。花期 7~9 月。全草可药用。

败酱花　　　　　　　　　　　　败酱植株

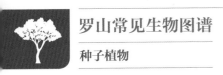
栝 (guā) 楼

本地俗名：生牛蛋

拉丁学名： *Trichosanthes kirilowii* Maxim.

所属科属：葛芦科 Cucurbitaceae **栝楼属** *Trichosanthes*

简要特征：多年生草质藤本。具块根；茎攀援，多分枝，被白色柔毛，卷须有 3~7 分枝；叶大，常 3~5 裂，轮廓近圆形，两面沿脉被毛。雌雄异株，雄花常排成总状花序，雌花为单花，花冠白色。果椭圆形或圆形，长 7~10.5 厘米，成熟时黄褐色或橙黄色。花期 5~8 月，果期 8~10 月。果可药用。

栝楼植株

栝楼花

栝楼果

桔 梗

本地俗名：姐姐包袱

拉丁学名： *Platycodon grandiflorus* (Jacq.) A. DC.

所属科属：桔梗科 Campanulaceae 桔梗属 *Platycodon*

简要特征：多年生草本，具白色乳汁。根胡萝卜状；茎高 20~120 厘米，无毛；叶 3 片轮生至互生，卵形至卵状披针形，边缘具细锯齿。花蕾铃铛状，花冠漏斗状钟形，蓝色或紫色。花期 7~9 月。根可药用。

桔梗植株

展枝沙参

本地俗名：小鸡肉

拉丁学名： *Adenophora divaricata* Franch. et Sav.

所属科属：桔梗科 Campanulaceae 沙参属 *Adenophora*

简要特征：多年生草本，具白色乳汁。根胡萝卜状；茎高 30~80 厘米，无毛或有疏柔毛；叶全部轮生，肾形或近圆形，边缘具锯齿，齿不内弯。圆锥花序常为宽金字塔状，花萼筒部圆锥状，花常蓝色或蓝紫色，花柱稍伸出花冠。花期 7~8 月。根可药用。

展枝沙参植株　　　　　　展枝沙参花序　　　　　　展枝沙参花

荠苨 (jì nǐ)

拉丁学名： *Adenophora trachelioides* Maxim.

所属科属： 桔梗科 Campanulaceae 沙参属 *Adenophora*

简要特征：多年生草本。茎单生，高 40~120 厘米，无毛，常略呈"之"字形弯曲；茎生叶心形，具叶柄，边缘具锯齿。聚伞花序平展，常组成圆锥花序，花冠钟状，蓝色、蓝紫色或白色，花柱与花冠近等长。花期 7~9 月。

荠苨植株　　　　　　　　　　荠苨花

石沙参

拉丁学名： *Adenophora polyantha* Nakai

所属科属： 桔梗科 Campanulaceae 沙参属 *Adenophora*

简要特征：多年生草本。茎高 20~100 厘米，常不分枝，无毛或被短毛；基生叶有柄，心状肾形，茎生叶无柄，叶缘锯齿尖锐或几成刺状。聚伞花序不分枝组成假总状花序，或具短分枝组成圆锥花序，花冠钟状，紫色或深蓝色，喉部常略收缢，花柱稍伸出花冠。花期 8~10 月。根可药用。

石沙参植株　　　　　　　　　　石沙参花

林泽兰

拉丁学名： *Eupatorium lindleyanum* DC.

所属科属： 菊科 Asteraceae 泽兰属 *Eupatorium*

简要特征：多年生草本，高 30~150 厘米。茎直立，基部分枝或不分枝，被白色柔毛；叶对生，不分裂或三全裂，两面粗糙被毛，两面均具腺点或仅背面具腺点，无叶柄，三出基脉。头状花序排成伞房花序或复伞房花序，花白色、粉红色或淡紫红色。花果期 5~12 月。全草可药用。

林泽兰花　　　　　　　　　　林泽兰植株

全叶马兰

拉丁学名： *Aster pekinensis* (Hance) Kitag.

所属科属： 菊科 Asteraceae 紫菀属 *Aster*

简要特征：多年生草本。茎直立，高 30~70 厘米，被毛，中部以上分枝；叶全缘，条状披针形或矩圆形，两面被粉状毛。头状花序单生于分枝顶端，常排成伞房状；舌状花 1 层，淡紫色；总苞半球形，苞片 3 层，覆瓦状排列。花期 6~10 月，果期 7~11 月。

全叶马兰植株　　　　　　　　全叶马兰花

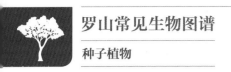

山马兰

拉丁学名： *Aster lautureanus* (Debeaux) Franch.

所属科属： 菊科 Asteraceae 紫菀属 *Aster*

　　简要特征： 多年生草本，高50~100厘米。茎直立，有沟纹，被毛，上部分枝；叶厚，茎中部叶披针形或长圆状披针形，有疏齿或羽状浅裂，分枝上的叶条状披针形，全缘。头状花序单生于分枝顶端，常排成伞房状；舌状花1层，淡紫色；总苞半球形，苞片3层，覆瓦状排列。花期6~10月，果期7~11月。

山马兰植株　　　　　　　　　山马兰叶　　　　　　　　　　　　　　山马兰花

三脉紫菀

拉丁学名： *Aster ageratoides* Turcz.

所属科属： 菊科 Asteraceae 紫菀属 *Aster*

　　简要特征： 多年生草本。茎直立，高40~100厘米，有棱及沟，具柔毛或粗毛；叶两面被毛，具离基三出脉，茎中部叶椭圆形或长圆状披针形，边缘具锯齿，叶柄具翅。头状花序顶生，排成伞房状，舌状花的舌片紫色、淡红色、白色；总苞钟形。瘦果有粗毛。花果期7~12月。全草可药用。

三脉紫菀植株　　　　　　三脉紫菀花

钻叶紫菀

拉丁学名： *Symphyotrichum subulatum* (Michx.) G. L. Nesom

所属科属： 菊科 Asteraceae 联毛紫菀属 *Symphyotrichum*

　　简要特征： 一年生草本。茎直立，高 25~100 厘米，无毛；叶全缘，线状披针形，无毛，中脉明显。头状花序顶生，舌状花的舌片狭小，淡红色，长与冠毛相等或稍超出冠毛；总苞钟形。瘦果略有毛。花果期 7~12 月。

钻叶紫菀植株　　　　钻叶紫菀花

一年蓬

拉丁学名： *Erigeron annuus* (L.) Pers.

所属科属： 菊科 Asteraceae 飞蓬属 *Erigeron*

　　简要特征： 一年生或二年生草本。茎直立，高 30~100 厘米，被毛。基部叶长圆形或宽卵形，边缘具粗齿；中上部叶较小，长圆状披针形或披针形，边缘具齿或全缘。头状花序排成圆锥花序，外围雌花舌状，白色至淡蓝色；中央两性花管状，黄色，冠毛异形。花期 6~9 月。

一年蓬花　　　　　　一年蓬植株

小蓬草

拉丁学名: *Erigeron canadensis* L.

所属科属: 菊科 Asteraceae 飞蓬属 *Erigeron*

简要特征: 一年生草本。茎直立,高 50~100 厘米,有条纹,疏被长硬毛;叶条状披针形,互生,叶缘具齿或全缘,两面或仅上面被毛。头状花序较小,3~4 毫米,排成大圆锥花序,雌花舌状、白色,两性花管状、淡黄色,冠毛糙毛状。花期 5~9 月。全草可药用。

小蓬草植株

小蓬草花序

香丝草植株

香丝草花序

香丝草

拉丁学名: *Erigeron bonariensis* L.

所属科属: 菊科 Asteraceae 飞蓬属 *Erigeron*

简要特征: 一年生或二年生草本,全株被细软毛,灰绿色。茎高 20~50 厘米,中部以上分枝;基部叶有柄,披针形,茎中上部叶条形或条状披针形,中部叶边缘具齿,上部叶全缘。头状花序较大,8~10 毫米,排成总状,雌花细管状、白色,两性花管状、淡黄色,冠毛淡红褐色。花期 5~10 月。全草可药用。

火绒草

拉丁学名： *Leontopodium leontopodioides* (Willd.) Beauv.

所属科属： 菊科 Asteraceae 火绒草属 *Leontopodium*

简要特征：多年生草本。花茎直立，高 5~45 厘米，多条簇生，被灰白色长柔毛或白色近绢状毛。头状花序密集成团状，常雌雄异株，雄株常较低小，有明显的苞叶群；雌株常有较大的头状花序和较长的冠毛，苞叶散生。花果期 7~10 月。全草可药用。

火绒草植株

鼠曲草植株

鼠曲草

拉丁学名： *Pseudognaphalium affine* (D. Don) Anderberg

所属科属： 菊科 Asteraceae 鼠曲草属 *Pseudognaphalium*

简要特征：一年生草本。茎直立或基部发出的枝下部斜升，高 10~40 厘米或更高，被白色绵毛；叶无柄，匙状倒披针形或倒卵状匙形，两面被白色绵毛。头状花序排成伞房花序，花黄色至淡黄色；总苞片 2~3 层，金黄色或柠檬黄色，膜质，有光泽。花期 1~4 月及 8~11 月。茎、叶可药用。

牛膝菊

拉丁学名： *Galinsoga parviflora* Cav.

所属科属： 菊科 Asteraceae 牛膝菊属 *Galinsoga*

简要特征：一年生草本，高 10~80 厘米。茎纤细，被毛；叶对生，卵形或长椭圆状卵形，边缘具锯齿，两面被毛。头状花序生于茎枝顶端排成伞房状，舌状花白色，管状花黄色；总苞半球形或宽钟状。花果期 7~10 月。全草可药用。

牛膝菊植株

线叶旋覆花

拉丁学名： *Inula linariifolia* Turczaninow

所属科属： 菊科 Asteraceae 旋覆花属 *Inula*

　　简要特征：多年生草本。茎直立，单生或 2~3 个簇生，高 30~80 厘米，被柔毛，有腺体；叶线状披针形，边缘反卷，基部渐窄。头状花序单生枝端或 3~5 个排成伞房状，舌片黄色；总苞半球形。花期 7~9 月，果期 8~10 月。

线叶旋覆花花序

线叶旋覆花植株

烟管头草植株

烟管头草花序

烟管头草

拉丁学名： *Carpesium cernuum* L.

所属科属： 菊科 Asteraceae 天名精属 *Carpesium*

　　简要特征：多年生草本。茎高 50~100 厘米，有纵条纹，被毛；茎生叶下部具狭翅，长椭圆形或匙状长椭圆形，两面均被毛和腺点。头状花序顶生，开花时下垂，形似烟斗，小花管状，黄绿色；总苞壳斗状。花果期 7~10 月。

白花鬼针草

拉丁学名： *Bidens pilosa* var. *radiata* Sch.-Bip.

所属科属： 菊科 Asteraceae 鬼针草属 *Bidens*

简要特征：一年生草本。茎直立,高30~100厘米,四棱形；三出复叶,无毛,边缘具锯齿,两侧小叶椭圆形或卵状椭圆形,顶生小叶较大,长椭圆形或卵状长圆形。头状花序边缘具5~7枚白色舌状花。瘦果条形,顶端具3~4枚芒刺。花期6~11月。全草可药用。

白花鬼针草植株　　　　　白花鬼针草花序

甘 菊

本地俗名： 野菊花

拉丁学名： *Chrysanthemum lavandulifolium* (Fisch. ex Trautv.) Makino

所属科属： 菊科 Asteraceae 菊属 *Chrysanthemum*

简要特征：多年生草本,高0.3~1.5米。茎直立,被毛；叶二回羽状分裂,两面颜色基本相同,两面被毛或正面几无毛。头状花序常排成复伞房状,舌状花黄色；总苞碟形,苞片边缘膜质。花果期5~11月。

甘菊植株　　　　　甘菊花序

小红菊

本地俗名： 臭菊

拉丁学名： *Chrysanthemum chanetii* H. Léveillé

所属科属： 菊科 Asteraceae 菊属 *Chrysanthemum*

　　简要特征： 多年生草本，高 15~55 厘米。茎直立或基部弯曲，被毛；茎叶肾形、半圆形、近圆形或宽卵形，常 3~5 掌状分裂，裂片边缘具齿。头状花序常排成伞房状，舌状花白色、粉红色或紫色；总苞碟形，苞片边缘膜质。花果期 7~10 月。

小红菊植株　　　　　　　　　　　小红菊花序

茵陈蒿

本地俗名： 小白蒿

拉丁学名： *Artemisia capillaris* Thunb.

所属科属： 菊科 Asteraceae 蒿属 *Artemisia*

　　简要特征： 多年生草本，植株具香气。主根木质；茎直立，近灌木状，高 35~100 厘米，红褐色或褐色，上部多分枝；茎中部叶 1~2 回羽状全裂，小裂片狭线形。头状花序卵球形，常排成复总状花序。花果期 7~10 月。地上部分可药用。

茵陈蒿植株　　　　　　　　　　　茵陈蒿花序

南牡蒿

拉丁学名： *Artemisia eriopoda* Bge.

所属科属： 菊科 Asteraceae 蒿属 *Artemisia*

　　简要特征： 多年生草本。茎直立，高 30~70 厘米，具细纵棱，基部被毛，多分枝；中部叶近圆形或宽卵形，1~2 回羽状深裂或全裂，叶基部宽楔形，叶柄极短。头状花序宽卵形或近球形，常排成总状花序。花果期 6~11 月。全草可药用。

南牡蒿植株

南牡蒿花序

黄花蒿

本地俗名： 臭蒿

拉丁学名： *Artemisia annua* L.

所属科属： 菊科 Asteraceae 蒿属 *Artemisia*

　　简要特征： 一年生草本，香气浓烈。茎直立，高可达 150 厘米，具纵棱，初绿色，后变褐色；茎下部叶两面具细小脱落性的白色腺点及细小凹点，3~4 回羽状深裂，中肋明显，中轴两侧有狭翅，基部有半抱茎的假托叶。花深黄色。花果期 8~11 月。全草含挥发油和青蒿素。

黄花蒿植株

黄花蒿茎

白莲蒿

拉丁学名: *Artemisia stechmanniana* Bess.

所属科属: 菊科 Asteraceae 蒿属 *Artemisia*

　　简要特征: 多年生草本,半灌木状,被蛛丝状绢毛。茎直立,高 50~100 厘米,具纵棱,褐色;茎下部与中部叶 2~3 回栉齿状羽状分裂,叶中轴两侧具栉齿,叶柄扁平,基部假托叶栉齿状分裂。头状花序近球形,下垂。花果期 8~10 月。

白莲蒿植株　　　　　　　白莲蒿花序　　　　　　　白莲蒿茎

艾

拉丁学名: *Artemisia argyi* Lévl. et Van.

所属科属: 菊科 Asteraceae 蒿属 *Artemisia*

　　简要特征: 多年生草本,具浓烈香气。茎单生或少数丛生,高 50~120 厘米,有纵棱,褐色或灰黄褐色;茎下部叶阔卵形,中部叶近长倒卵形,1~2 回羽状深裂至半裂,每侧裂片 2~3 枚,裂片不再分裂或每侧有 1~2 枚缺齿,叶基部渐狭成短柄,叶脉明显,在背面凸出。头状花序椭圆形,数个排成穗状花序或复穗状花序,雌花花冠管状,两性花花冠近喇叭筒状,紫色。花果期 7~10 月。全草可药用。

艾植株　　　　　　　　　艾花序

艾叶(正面)　　　　　　　艾叶(背面)

华东蓝刺头

本地俗名： 火绒

拉丁学名： *Echinops grijsii* Hance

所属科属： 菊科 Asteraceae 蓝刺头属 *Echinops*

　　简要特征： 多年生草本，高 30~80 厘米。茎单生，直立，被密厚的蛛丝状绵毛；叶纸质，羽状深裂，正面绿色，背面被白色蛛丝状毛，边缘具刺状缘毛，基部叶及下部茎叶有长叶柄，椭圆形、长椭圆形或长卵形，中部以上叶渐小。复头状花序顶生，圆球状，开花后蓝紫色。瘦果倒圆锥形，不遮盖冠毛。花果期 7~10 月。根和花序可药用。

华东蓝刺头植株　　　　　　　　华东蓝刺头花序　　　　　　　　华东蓝刺头果

朝鲜苍术（zhú）

本地俗名： 苍术

拉丁学名： *Atractylodes koreana* (Nakai) Kitamura

所属科属： 菊科 Asteraceae 苍术属 *Atractylodes*

　　简要特征： 多年生草本。根状茎粗长；茎单生或少数簇生，直立，高 25~50 厘米；叶厚纸质或纸质，互生，基部叶花期枯落，中下部茎叶椭圆形或长椭圆形，半抱茎或贴茎，边缘具刺状缘毛或刺齿。头状花序顶生，苞叶刺齿状羽状深裂。花果期 7~10 月。根状茎可药用。

朝鲜苍术植株

绿蓟（jì）

拉丁学名： *Cirsium chinense* Gardn. et Champ.

所属科属： 菊科 Asteraceae 蓟属 *Cirsium*

　　简要特征： 多年生草本。茎直立，高 40~100 厘米，中部以上分枝，被长节毛；叶两面同为绿色，边缘具针刺，中部茎叶长椭圆形、长披针形或宽线形，羽状浅裂、半裂或深裂。头状花序单生枝顶，小花紫红色；总苞片约 7 层，覆瓦状排列，内层苞片顶端膜质扩大。花果期 6~10 月。根可药用。

绿蓟植株

绿蓟花序

刺儿菜

拉丁学名： *Cirsium arvense* var. *integrifolium* C. Wimm. et Grabowski

所属科属： 菊科 Asteraceae 蓟属 *Cirsium*

　　简要特征： 多年生草本。茎直立，高 30~80 厘米，上部分枝；叶椭圆形、长椭圆形或椭圆状倒披针形，两面同为绿色，不分裂，全缘或波状缘，边缘具针刺或刺齿。头状花序单生枝顶，小花紫红色或白色，雌雄异株；冠毛污白色，羽毛状。花果期 5~9 月。全草可药用。

刺儿菜（小）植株

蓟

本地俗名：火车头

拉丁学名： *Cirsium japonicum* Fisch. ex DC.

所属科属：菊科 Asteraceae **蓟属** *Cirsium*

　　简要特征： 多年生草本。茎直立，高 30~150 厘米，被毛；基生叶卵形、椭圆形或长椭圆形，羽状深裂或几全裂，叶两面同为绿色，边缘具针刺或刺齿，茎生叶向上渐小，基部扩大半抱茎。头状花序直立，总苞钟状，小花紫色；冠毛浅褐色。花果期 4~11 月。全草可药用。

蓟植株　　　　　　　　蓟花

兔儿伞

拉丁学名： *Syneilesis aconitifolia* (Bunge) Maxim.

所属科属：菊科 Asteraceae **兔儿伞属** *Syneilesis*

　　简要特征： 多年生草本。茎直立，高 70~120 厘米，紫褐色，不分枝，无毛；基生叶伞形，通常 2 片，掌状深裂，裂片较窄，叶柄长。头状花序排成伞房状，花冠淡粉白色，花药紫色。花期 6~7 月，果期 8~10 月。全草可药用。

兔儿伞植株　　　　　　　兔儿伞花序

泥胡菜

本地俗名：土疙疙瘩

拉丁学名： *Hemisteptia lyrata* (Bunge) Fischer & C. A. Meyer

所属科属： 菊科 Asteraceae 泥胡菜属 *Hemisteptia*

　　简要特征： 二年生草本，高 30~100 厘米。茎单生，疏被蛛丝毛，上部常分枝；叶大头羽裂，长椭圆形或倒披针形，两面异色，正面绿色，无毛，背面灰白色，密被厚绒毛。头状花序常排成伞房状，小花两性，管状，红色或紫色；冠毛异型，白色，两层，外层冠毛刚毛羽毛状，基部连合成环，整体脱落；内层冠毛刚毛极短，鳞片状，着生一侧，宿存。花果期 3~8 月。全草可药用。

泥胡菜花序　　　　　　　　　　泥胡菜植株

风毛菊

拉丁学名： *Saussurea japonica* (Thunb.) DC.

所属科属： 菊科 Asteraceae 风毛菊属 *Saussurea*

　　简要特征： 二年生草本，高 50~200 厘米。茎直立，被短柔毛及金黄色的小腺点；叶长圆形或椭圆形，羽状分裂，两面近同色，具略凹的小腺点。头状花序常排成伞房状或圆锥花序，小花紫色，总苞圆柱状。瘦果圆柱形，褐色，冠毛 2 层，外层糙毛状，内层羽毛状。花果期 6~11 月。

风毛菊植株　　　　　　　　　　风毛菊花序

蒙古风毛菊

拉丁学名： *Saussurea mongolica* (Franch.) Franch.

所属科属： 菊科 Asteraceae 风毛菊属 *Saussurea*

　　简要特征： 多年生草本，高 30~90 厘米。茎直立，具棱，上部分枝；叶轮廓卵状三角形或卵形，羽状分裂，上半部边缘有锯齿，两面近同色，疏被短糙毛。头状花序常排成伞房状或圆锥花序，小花紫红色，总苞长圆状。花果期 7~10 月。

蒙古风毛菊花序　　　　　　　　　　蒙古风毛菊植株

大丁草

拉丁学名： *Leibnitzia anandria* (L.) Turcz.

所属科属： 菊科 Asteraceae 大丁草属 *Leibnitzia*

　　简要特征： 多年生草本，具春秋二型。春型植株高 8~15 厘米，叶基生莲座状，椭圆状广卵形，边缘具齿、深波状或琴状羽裂，背面被毛；花葶单生或少数丛生，头状花序生于花葶顶端，雌花花冠舌状，略紫红色，两性花花冠管状二唇形。秋型植株高可达 30 厘米，花葶长，叶片大，头状花序外层雌花管状二唇形，无舌片。瘦果，冠毛淡棕色。春花期 4~5 月，秋花期 8~11 月。

大丁草植株　　　　　　　　　　大丁草果

梁子菜

拉丁学名： *Erechtites hieraciifolius* (Linnaeus) Rafinesque ex Candolle

所属科属： 菊科 Asteraceae 菊芹属 *Erechtites*

简要特征： 一年生草本，高 40~100 厘米。茎直立，具条纹，被疏柔毛；叶无柄，披针形至长圆形，基部变宽成耳形半抱茎，边缘具粗齿，两面无毛或背面沿脉有短柔毛，叶脉羽状，顶端锐化成小刺。头状花序排成伞房状；总苞筒状，总苞片 1 层，绿色至红褐色；小花管状，淡绿色或略带红色；冠毛白色。花果期 7~10 月。

梁子菜植株　　　　　　　　梁子菜花序

日本毛连菜

拉丁学名： *Picris japonica* Thunb.

所属科属： 菊科 Asteraceae 毛连菜属 *Picris*

简要特征： 多年生草本，高 30~120 厘米。茎直立，具沟纹，被黑色或黑绿色钩状硬毛；基生叶花期枯落，茎生叶互生，倒披针形、椭圆状披针形或椭圆状倒披针形，两面被钩状硬毛。头状花序排成伞房花序或伞房状圆锥花序，小花舌状，黄色；冠毛污白色。花果期 7~10 月。

日本毛连菜植株　　　　　　　　日本毛连菜钩状毛

鸦葱植株

鸦 葱

本地俗名：浆母奶、板凳腿

拉 丁 学 名： *Takhtajaniantha austriaca* (Willd.) Zaika, Sukhor. & N. Kilian

所属科属： 菊科 Asteraceae 鸦葱属 *Takhtajaniantha*

简要特征：多年生草本，高 10~42 厘米。茎直立，无毛；基生叶线形，边缘平展；茎生叶鳞片状、披针形、半抱茎。头状花序单生茎顶，舌状花黄色；冠毛淡黄色。花果期 4~7 月。根可药用。

桃叶鸦葱

本地俗名：浆母奶、板凳腿

拉丁学名： *Scorzonera sinensis* (Lipsch. & Krasch.) Nakai

所属科属： 菊科 Asteraceae 蛇鸦葱属 *Scorzonera*

简要特征：多年生草本，高 5~53 厘米，有乳汁。具粗壮直根；茎直立，单生或簇生，无毛；基生叶披针形或阔披针形，边缘明显皱波状；茎生叶鳞片状，基部心形，半抱茎或贴茎。头状花序单生茎顶，小花全部舌状，黄色。花果期 4~9 月。根可药用。

桃叶鸦葱植株

续断菊植株

续断菊

拉丁学名： *Sonchus asper* (L.) Hill.

所属科属： 菊科 Asteraceae 苦苣菜属 *Sonchus*

简要特征：一年生草本。茎直立，高 20~50 厘米，单生或少数簇生，有纵纹或纵棱，光滑无毛或上部及花梗被毛；叶互生，卵状狭长椭圆形，边缘具硬密尖齿。头状花序排成伞房花序，小花舌状，黄色。瘦果长椭圆状倒卵形，冠毛白色，毛状。花果期 5~10 月。

山柳菊

拉丁学名: *Hieracium umbellatum* L.

所属科属: 菊科 Asteraceae 山柳菊属 *Hieracium*

简要特征：多年生草本，高 30~100 厘米。茎直立，基部常带淡红紫色；基生叶和茎下部叶在花期枯落；中上部茎叶互生，无柄，披针形至狭线形，基部狭楔形。头状花序排成伞房花序或伞房圆锥花序，小花舌状，黄色；瘦果具 10 条细纵肋，冠毛浅棕色。花果期 7~9 月。

山柳菊植株 山柳菊花序

黄鹌菜

拉丁学名： *Youngia japonica* (L.) DC.

所属科属： 菊科 Asteraceae 黄鹌菜属 *Youngia*

简要特征：一年生草本，高 10~100 厘米。茎直立，单生或数茎簇生；叶和叶柄均被毛，基生叶丛生，轮廓倒披针形、椭圆形、长椭圆形或宽线形，大头羽裂，无茎生叶或极少。头状花序较小，排成伞房花序或伞房圆锥花序，小花舌状，黄色。花果期 4~10 月。

黄鹌菜植株 黄鹌菜花序

翅果菊

拉丁学名： *Lactuca indica* L.

所属科属： 菊科 Asteraceae 莴苣属 *Lactuca*

　　简要特征： 多年生草本。茎直立，高 0.6~2 米，单生，粗壮，无毛；叶轮廓披针形、倒披针形或长椭圆形，全缘或羽状分裂。头状花序排成伞房花序或伞房圆锥花序，小花舌状，黄色。瘦果具粗喙，冠毛白色。花果期 4~11 月。

翅果菊植株（叶不裂）　　　翅果菊植株（叶羽裂）　　　翅果菊花序

尖裂假还阳参

本地俗名： 碟碟浆子

拉丁学名： *Crepidiastrum sonchifolium* (Maxim.) Pak & Kawano

所属科属： 菊科 Asteraceae 假还阳参属 *Crepidiastrum*

　　简要特征： 一年生草本，高 100 厘米。茎直立，单生，无毛；基生叶花期枯落，中下部茎叶长椭圆状卵形、长卵形或披针形，羽状分裂，裂片常长线形或尖齿状，两面无毛，基部抱茎。头状花序排成伞房花序，舌状小花黄色。瘦果长椭圆形，冠毛白色。花果期 4~5 月。

尖裂假还阳参植株

蒲公英

本地俗名：婆婆丁

拉丁学名： *Taraxacum mongolicum* Hand.-Mazz.

所属科属：菌科 Asteraceae **蒲公英属** *Taraxacum*

　　简要特征： 多年生草本，具白色乳汁。花葶直立，高 10~25 厘米，中空；叶基生，倒卵状披针形、倒披针形或长圆状披针形，呈莲座状，边缘具齿或全缘，两面无毛。头状花序，舌状小花黄色；冠毛白色。花期 4~9 月，果期 5~10 月。全草可药用。

蒲公英植株

长喙婆罗门参

本地俗名：捞面汤

拉丁学名： *Tragopogon dubius* Scopoli

所属科属：菌科 Asteraceae **婆罗门参属** *Tragopogon*

　　简要特征： 二年生草本，高 30~80 厘米，全株具白色乳汁。茎单一或少数分枝；基生叶丛生，线形或线状披针形，基部半抱茎。头状花序较大，单生，舌状花黄色；总苞片长于舌状花。瘦果具长喙；冠毛污白色或略黄色。花期 5~8 月，果期 6~9 月。

长喙婆罗门参花序

长喙婆罗门参植株

长喙婆罗门参果

动　物

　　罗山自然保护区内森林茂密，水资源充沛，植被类型多样，动物食料充足，孕育了众多野生动物。笔者共调查各类野生动物 423 种，本部分记录了有代表性的 191 种，这些野生动物呈现出以下三个特点：

　　一是重点保护的野生动物资源丰富。其中，国家一级保护鸟类 3 种，二级保护动物 19 种，国家保护的有益的或者有重要经济、科学研究价值的陆生野生动物 160 多种；山东省重点保护动物 28 种。

　　二是野生动物的种类不断增多。过去本地没有记录的动物品种时有发现，如被誉为"鸟中大熊猫"的中国特有珍稀鸟类——震旦鸦雀，水鸟鸬鹚、鹈鹕、花脸鸭，鸣禽栗耳短脚鹎等，以及爬行动物中的团花锦蛇都是在近三年内首次发现的。

　　三是野生动物的种群数量持续增加。野兔、黄鼬、环颈雉、獾、蛇等动物数量明显增加，经常在山间丛林、溪边草地看到它们的身影。

昆虫纲

> 该纲中动物数量在动物界中最多，现在已知有 100 多万种。该纲动物身体分为头、胸、腹三部分，具外骨骼和六足。变态发育是昆虫发育的重要特点。根据变态的程度不同，可将变态分为增节变态、表变态、原变态、不全变态和全变态。该纲动物一般幼虫阶段时间长，成虫阶段时间短。如蜉蝣幼虫期长达几年，成虫期只有一天左右；金龟子幼虫期 3 年，成虫期只有几天。

鳞翅目

碧凤蝶

拉丁学名： *Papilio bianor*

科名： 凤蝶科 Papilionidae

　　简要特征： 翅呈三角形，黑色，翅展 85~136 毫米，翅脉间多散布金鳞。前翅端半部色淡。后翅外缘波状，亚外缘有粉红色或蓝色飞鸟形斑，臀角有半圆形粉色斑。反面色淡，斑纹明显。一年 2 代。幼虫为害花椒、柑橘等农作物。

碧凤蝶

冰清绢蝶

拉丁学名： *Parnassius glacialis*

科名： 凤蝶科 Papilionidae

　　简要特征： 身体覆盖黄色毛，翅白色，翅脉灰黑褐色，翅展 60~70 毫米。后翅内缘有 1 条纵的宽黑带。翅反面似正面。一年 1 代。寄主为蓬藟（lěi）、延胡索等植物，人工饲养下也食紫堇。有特殊研究价值和观赏价值。

冰清绢蝶

柑橘凤蝶

柑橘凤蝶

拉丁学名： *Papilio xuthus*

科名： 凤蝶科 Papilionidae

　　简要特征： 体、翅的颜色随季节而变化,翅纹黄绿或黄白色,外缘有 1 列弯月形斑纹,越往后越明显,翅展 65~86 毫米。前翅有 4~5 条放射状斑纹,端半部有横斑 2 个。后翅基半部的斑纹都是顺脉纹,臀角有环形或半环形红斑。翅反面色稍淡,前、后翅亚外区斑纹明显,其余与正面相似。一年 3 代,寄主为山花椒等芸香科植物。

灰绒麝凤蝶

拉丁学名： *Byasa mencius*

科名： 凤蝶科 Papilionidae

　　简要特征： 体背黑色,两侧具红毛。翅黑褐或棕褐色,脉纹两侧灰色,翅展 65~75 毫米。后翅外缘波状,尾突窄长,外缘有月牙形红斑 4 个,内缘褶内灰色。翅反面后翅端部有 6 个红斑,其余与正面相似。寄主主要为马兜铃属植物。

灰绒麝凤蝶

绿带翠凤蝶

别名： 深山凤蝶

拉丁学名： *Papilio maackii*

科名： 凤蝶科 Papilionidae

简要特征：翅黑色，翅展80~130毫米，布满蓝色和翠绿色鳞片。前翅亚缘具翠绿色的横带，雄性前翅中室具绒毛状性斑。后翅亚外缘具红色弦月纹。翅反面具金色鳞片。寄主为芸香科植物。

绿带翠凤蝶

丝带凤蝶

别名： 软凤蝶、马兜铃凤蝶

拉丁学名： *Sericinus montelus*

科名： 凤蝶科 Papilionidae

简要特征：躯体黑、白、红三色相间，翅展42~71毫米，翅尾突极长。雌雄异型，雄蝶翅白色，有黑斑纹，外缘有断续的红色；雌蝶翅黑色间有黄红蓝条纹或黄色间有黑褐色斑纹。寄主主要为马兜铃属植物。

丝带凤蝶

二尾蛱（jiá）蝶

拉丁学名： *Polyura narcaea*

科名： 蛱蝶科 Nymphalidae

简要特征：翅淡绿色，翅展约61毫米，外缘有黑色宽带，翅斑似古代弓箭，又名弓箭蝶。前翅黑带中有淡绿色斑列。后翅黑带间为淡绿色带，两尾具黑褐色剪形突出。寄主主要为山合欢等植物。

二尾蛱蝶

黄钩蛱蝶幼虫

黄钩蛱蝶

别名： 黄蛱蝶、金钩角蛱蝶

拉丁学名： *Polygonia c-aureum*

科名： 蛱蝶科 Nymphalidae

简要特征：翅黄色或黄褐色，翅展45~61毫米，外缘角突尖锐。前翅中室有3个黑褐斑。后翅中室基部有1个黑点。前翅后角和后翅外有蓝色鳞片。为害葎草、甘草等多种植物。

黄钩蛱蝶成虫

红灰蝶

拉丁学名：*Lycaena phlaeas*

科名：灰蝶科 Lycaenidae

简要特征：翅橙红色，翅展约 35 毫米。前翅缘有黑带，中室有黑点。后翅亚缘有橙红色带，外侧有黑点，其余均黑色。前翅反面橙红色，外缘带灰褐色，带内有黑点。后翅反面灰黄色，亚缘带橙红色，带外有小黑点。寄主为羊蹄酸模等蓼科植物。

红灰蝶

点玄灰蝶

拉丁学名：*Tongeia filicaudis*

科名：灰蝶科 Lycaenidae

简要特征：翅黑色，亚外缘有一列蓝斑，尾突极细，翅展 12~17 毫米。翅反面呈灰白色，缘毛白色。前翅反面外缘线黑色，内有两列黑斑。后翅反面外缘线褐色，内有两列橙红色斑，中室具 3 个黑斑。寄主为景天科植物。

点玄灰蝶

蛇眼蝶

拉丁学名： *Minois dryas*

科名： 眼蝶科 Satyridae

　　简要特征： 体翅黑褐色，翅展 55~65 毫米，翅亚缘区有一条不规则黑条纹，有黑眼纹，瞳点青蓝色，雌性眼纹明显较雄性大。前翅基部一条脉明显膨大。前翅反面顶角、外缘具白色鳞片。寄主为早熟禾等禾本科植物。

蛇眼蝶

中华矍眼蝶

中华矍（jué）眼蝶

拉丁学名： *Ypthima chinensis*

科名： 眼蝶科 Satyridae

　　简要特征： 翅灰褐色，翅展 33~45 毫米，密布横纹，有明显眼斑，眼斑外带黄色框。寄主为禾本科植物。

斑缘豆粉蝶

拉丁学名： *Colias erate*

科名： 粉蝶科 Pieridae

　　简要特征： 翅展 45~55 毫米。雌雄异型。雄蝶翅黄色，前翅外缘有宽阔的黑色横带，后翅外缘有成列黑纹。雌蝶为淡黄绿色、淡白色或黄色。翅反面颜色较淡，亚端有 1 列暗色斑。一年 2~5 代。寄主为豆科植物。

斑缘豆粉蝶

变色夜蛾

拉丁学名: *Enmonodia vespertilio*

科名: 夜蛾科 Noctuidae

简要特征: 体长约28毫米, 头暗褐色, 背略灰, 腹部杏黄色。翅有棕黑色波浪纹, 翅展约80毫米。前翅浅褐色, 各具一黑色祥云斑, 翅面密布黑棕色细点。后翅灰褐色, 端区带青色, 后缘杏黄色。一年2~4代。幼虫为害合欢、兰花、桃和梨等, 成虫吸食柑橘等果汁。

变色夜蛾

丁香天蛾

拉丁学名: *Psilogramma increta*

科名: 天蛾科 Sphingidae

简要特征: 体长32~38毫米, 背两侧有黑边, 腹部背面有黑色纵带, 胸部及腹部腹面白色。翅展108~126毫米。前翅灰白, 有不规则短横黑斑。后翅中室前部有黄点, 下有黑斜纹。一年2代。寄主为丁香、梧桐等植物。

丁香天蛾

红天蛾

拉丁学名： *Pergesa elpenor*

科名： 天蛾科 Sphingidae

简要特征：体长 33~40 毫米。头背部有两条红色纵带，腹部背两侧黄绿色。翅展 55~70 毫米，翅基部黑色，其余土黄色或红色。翅反面红色，前缘黄色。一年 2 代。成虫有趋光性。寄主为忍冬、茜草、葡萄等植物。

红天蛾

梨六点天蛾

拉丁学名： *Marumba gaschkewitschi*

科名： 天蛾科 Sphingidae

简要特征：体长 32~35 毫米，翅展 90~100 毫米。前翅棕黄色，有深棕波纹线，各有黑斑 1 个。后翅紫红色，外缘黄色，各有黑斑 2 个。翅反面暗红、杏黄色。寄主为梨、苹果、枣等植物。

梨六点天蛾

黑鹿蛾

拉丁学名： *Amata ganssuensis*

科名： 鹿蛾科 Ctenuchidae

简要特征：体黑色，头部褐色，腹部有黄带具蓝色光泽，腹足、臀足紫红色。翅展 25~35 毫米。前翅由里向外排列 1、2、3 个白斑，后翅白斑 2 个。寄主为菊科植物。

黑鹿蛾

黄刺蛾

别名： 辣毛虫、刺老虎

拉丁学名： *Cnidocampa flavescens*

科名： 刺蛾科 Limacodidae

　　简要特征： 体长 15~17 毫米，头、胸部黄色，腹部黄褐色。翅黄色及褐色，翅展 33~37 毫米。寄主为杨、榆、枣等植物。

黄刺蛾

李枯叶蛾

李枯叶蛾

拉丁学名： *Gastropacha quercifolia*

科名： 枯叶蛾科 Lasiocampidae

　　简要特征： 体长 3~45 毫米，赤褐色至茶褐色。翅棕褐色，形似枯叶，翅展 60~90 毫米。一年 1 代。成虫有趋光性。寄主为苹果、李、桃等植物。

绿尾大蚕蛾

拉丁学名： *Actias selene ningpoana*

科名： 大蚕蛾科 Saturniidae

　　简要特征： 体长 32~40 毫米，头灰褐色，触角土黄色、双栉形，体披白毛。翅粉绿色，基部具白茸毛，翅展 100~130 毫米。尾带 40 毫米。前翅前缘有褐色细线，中室有 1 眼形斑，上黑褐色，下橙黄色。后翅延伸成尾形，中室眼形斑同前翅。一年 2 代。成虫有趋光性。为害药用植物、果树、林木等。

绿尾大蚕蛾

舞毒蛾

别名：秋千毛虫

拉丁学名： *Lymantria dispar*

科名：毒蛾科 Lymantriidae

简要特征：体长 20~25 毫米，翅展 40~50 毫米。雌雄异型，雄蛾前翅茶褐色，有波状带，中室有黑点；雌蛾前翅灰白色，有黑褐色斑点。成虫有趋光性。一年 1 代。寄主为苹果、柿、杨等植物。

舞毒蛾

榆凤蛾

拉丁学名： *Epicopeia mencia*

科名：凤蛾科 Epicopeiidae

简要特征：体长约 20 毫米，以黑色为主，腹部各节侧面及后缘红色，触角栉齿状。翅展 80~90 毫米，灰黑或黑褐色，后翅外缘有不规则红或白色斑，尾突较长。一年 1 代。寄主为榆等植物。

榆凤蛾

明纹柏松毛虫

拉丁学名： *Dendrolimus suffuscus illustratus*

科名：枯叶蛾科 Lasiocapidae

简要特征：体长 22~38 毫米，黑色或灰褐色。翅展 54~88 毫米，灰褐色。前翅有灰白和黑色横斑，中室有白点。后翅污褐色，有深褐色横斑。寄主为油松、侧柏、落叶松等植物。

明纹柏松毛虫

半翅目

麻皮蝽

别名： 黄斑蝽、臭大姐

拉丁学名： *Erthesina fullo*

科名： 蝽科 Pentatomidae

　　简要特征： 体长 20~25 毫米，宽 10~11.5 毫米。头狭长，有 1 条黄色中纵线。背部黑褐色，密布黑刻点及黄斑。胸部腹板黄白色，密布黑刻点。一年 1 代。成虫具假死性，受惊扰时会喷射臭液。有弱趋光性和群集性。为害苹果、杨、柳等植物。

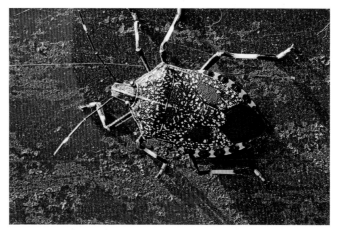

麻皮蝽

硕　蝽

拉丁学名： *Eurostus validus*

科名： 蝽科 Pentatomidae

　　简要特征： 体长 23~33 毫米。棕褐色，具亮绿色金属光泽，密布细刻点。头小，三角形。触角基部深红褐色，其余橘黄色。腹部背面紫红色。一年 1 代。为害板栗、白栎等植物。

硕蝽

菜蝽

菜 蝽

拉丁学名： *Eurydema dominulus*

科名： 蝽科 Pentatomidae

　　简要特征： 体长 6~9 毫米。橙红或橙黄色，有黑色斑纹，椭圆形。头黑色，前胸背板上有 6 个大黑斑。一年 2~3 代。成虫有趋光性和假死性。为害十字花科蔬菜。

谷 蝽

别名： 虾色蝽

拉丁学名： *Gonopsis affinis*

科名： 蝽科 Pentatomidae

　　简要特征： 体长 12~18 毫米，宽 6~9 毫米，死虾红色。头三角形，触角从基部到末端分别为黄、淡黄、红黑色。侧角间横脊显著，小盾片狭长、色淡，有三条白纵线。寄主为松、茶、禾本科植物等。

谷蝽

茶翅蝽

茶翅蝽

别名： 臭板虫、梨蝽象

拉丁学名： *Halyomorpha picus*

科名： 蝽科 Pentatomidae

　　简要特征： 体长 12~16 毫米，宽 6.5~9 毫米。扁平，椭圆形，褐色，具黄或金绿色刻点。触角红黑相间，小盾片有黄斑。受惊释放难闻气味。一年 1~2 代。为害果树、蔬菜等植物。

紫蓝曼蝽

拉丁学名： *Menida violacea*

科名： 蝽科 Pentatomidae

　　简要特征： 体长 8~10 毫米，宽 4~5.5 毫米。椭圆形，紫蓝色，有金绿闪光，密布黑色刻点，小盾片末端黄白色。为害水稻、大豆、玉米等植物。

紫蓝曼蝽

广腹同缘蝽

广腹同缘蝽

拉丁学名： *Homoeocerus dilatatus*

科名： 缘蝽科 Coreidae

　　简要特征： 体长 13.5~14.5 毫米，宽约 10 毫米，褐色或黄褐色，密布黑刻点。触角纺锤形，胸淡黄褐色，腹部淡黄绿色，腹部扩展而厚实。寄主为禾本科等植物。

点蜂缘蝽

别名：白条蜂缘蝽、豆缘蝽象

拉丁学名：*Riptortus pedestris*

科名：缘蝽科 Coreidae

　　简要特征：体长 15~17 毫米，宽 3.6~4.5 毫米，狭长，黄褐至黑褐色，被白毛。头三角形。一年 2~3 代。为害豆科、水稻、麦类等植物。

点蜂缘蝽

茶褐盗猎蝽

茶褐盗猎蝽

拉丁学名：*Pirates fulvescens*

科名：猎蝽科 Reduviidae

　　简要特征：体长 14~17 毫米，宽 3~4 毫米，黑色，具白色和黄色短毛。触角灰黄相间。前翅革片黄褐色。以蚜虫等小昆虫为食。幼虫为害棉花等植物。

环斑猛猎蝽

拉丁学名：*Sphedanolestes impressicollis*

科名：猎蝽科 Reduviidae

　　简要特征：体长 16~18 毫米，宽 5.2~5.5 毫米，黑色，具黄色或暗黄色斑，被淡色毛。头、腿、足及腹侧有淡黄色斑环绕。以棉蚜、棉铃虫等害虫为食。

环斑猛猎蝽

金绿宽盾蝽

拉丁学名： *Poecilocoris lewisi*

科名： 盾蝽科 Scutelleridae

　　简要特征： 长 13.5~15.5 毫米，宽 9~10 毫米。宽椭圆形，绿带金色花纹，有黑点和金属光泽。触角蓝黑色。体背绿色，有金色条状斑纹。受惊释放难闻气味。一年 1 代。寄主为葡萄、臭椿等植物。

金绿宽盾蝽

田鳖

田　鳖

拉丁学名： *Kirkaldyia deyrollei*

科名： 负子蝽科 Belostomatidae

　　简要特征： 水生，体长 50~120 毫米。灰褐或黑色，椭圆形，扁阔。头小，喙短，腿、足粗壮。呼吸管在腹部的末端。成虫有趋光性。以小鱼、小虫为食。

水黾 （ mǐn ）

拉丁学名： *Aquarium paludum*

科名： 黾蝽科 Gerridae

　　简要特征： 水生。体长 8~20 毫米，黑褐色。头三角形，身体瘦长，腹面覆毛，腿足开展、细长，腿部覆刚毛，具有疏水性。以落入水中的小虫、死鱼等为食。

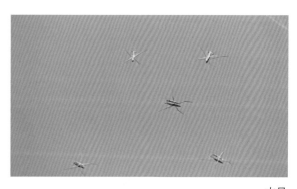

水黾

蜚蠊（fěi lián）目

中华地鳖

别名：地鳖、土元、地乌龟

拉丁学名： *Eupolyphaga sinensis*

科名： 鳖蠊科 Corydidae

　　简要特征： 雌雄异型。雌性体长 30~35 毫米，体宽 26~30 毫米，黑褐色，椭圆形，背部隆起，腹面红棕色，胫节多刺。雄性体长 30~36 毫米，宽 15~21 毫米，黄褐色，有 2 对翅膀，前翅革质，后翅膜质，披有纤毛，胫节多刺。杂食。雌虫可药用。

中华地鳖（雌）

中华地鳖（雄）

广翅目

中华斑鱼蛉

拉丁学名： *Neochauliodes sinensis*

科名： 鱼蛉科 Corydadidae

　　简要特征： 体长 20~30 毫米，黄褐色，具黑斑。翅展 60~80 毫米。翅淡黄褐色，半透明，布满褐斑。尾足带钩。成虫有趋光性。以水生昆虫的幼虫、蛾类为食。

中华斑鱼蛉

脉翅目

大草蛉

拉丁学名： *Chrysopa pallens*

科名： 草蛉科 Chrysopidae

　　简要特征： 体长 11~14 毫米，翅展约 35 毫米。黄绿色。触角细长。成虫有趋光性。一年 3 代。以蚜虫、叶螨等害虫为食。

大草蛉

中华东蚁蛉

拉丁学名： *Euroleon sinicus*

科名： 蚁蛉科 Myrmeleontidae

　　简要特征： 体长 24~32 毫米，触角短，末端膨大。头黄色，具 6 黑斑。胸部、腹部黑褐色。翅透明，有许多小褐点。以昆虫及虫卵为食。可药用。

中华东蚁蛉

膜翅目

中华蜜蜂

拉丁学名： *Apis cerana cerana*

科名： 蜜蜂科 Apidae

简要特征：工蜂体长 10~15 毫米，雄蜂体长 11~15 毫米，蜂王体长 13~16 毫米，被黄褐色毛。工蜂头、胸黑色，腹部黄黑色。雄蜂黑色。蜂工头、胸黑色，腹部有明显暗褐色环或环不明显呈黑色。附肢分节，其中工蜂基跗节膨大，其与胫节上都附有采集和携带花粉的特殊结构。第 7 腹节内藏有螫刺。益虫，为花授粉、酿蜜等。中国特色蜂种。

中华蜜蜂

意大利蜜蜂

意大利蜜蜂

拉丁学名： *Apis mellifera ligustica*

科名： 蜜蜂科 Apidae

简要特征：体长 12~14 毫米。喙较长，腹部细长，有黄色环带。性情温顺。授粉、酿蜜、分泌蜂王浆能力强。

变侧异腹胡蜂

拉丁学名：*Parapolybia varia varia*

科名：**胡蜂科** Vespoidea

简要特征：体长 12~17 毫米，黄褐色，瘦长。翅浅棕色，腹部前细后粗圆，有黄斑。杂食性，嗜甜食。

变侧异腹胡蜂

鞘翅目

光肩星天牛

拉丁学名：*Anoplophora glabripennis*

科名：**天牛科** Cerambycidae

简要特征：体长 17~39 毫米，漆黑色。鞘翅黑色，布白斑，具紫铜色光泽。前胸背板具皱纹和刻点，两侧有棘状突起。一年 1 代，或两年 1 代。为害杨、柳、榆等植物。

光肩星天牛

黄粉鹿花金龟

拉丁学名： *Dicronocephalus wallichii*

科名：金龟科 Scarabaeidae

　　简要特征： 体长 19~25 毫米，体形卵圆形，被黄绿色粉层。雄虫唇基有鹿角状突出。鞘翅长方形。足黑红相间。以梨、板栗、栎、松等植物的花为食。

黄粉鹿花金龟

短毛斑金龟

拉丁学名： *Lasiotrichius succinctus*

科名：斑金龟科 Morphology

　　简要特征： 体长约 10 毫米，被灰黄色、黑色或栗色长茸毛。鞘翅黄褐色，有 3 条黑色或栗色横带，具大刻纹。以菊科等植物的花为食。

短毛斑金龟

黄褐丽金龟

拉丁学名： *Anomala exoleta*

科名：丽金龟科 Rutelidae

　　简要特征： 体长 15~18 毫米，宽 7~9 毫米，黄褐色，有光泽。前胸背板隆起，色深于鞘翅，后缘在小盾片前密生黄毛。幼虫名蛴螬，乳白色，头部黄褐色，体圆筒形，静止时呈"C"形。一年 1 代。成虫趋光性强。成虫不取食，寿命短。幼虫危害植物根部。

黄褐丽金龟幼虫（蛴螬）

黄褐丽金龟成虫

墨绿彩丽金龟

拉丁学名： *Mimela splendens*

科名：丽金龟科 Rutelidae

　　简要特征： 体长 15~21.5 毫米，宽约 10 毫米，椭圆形，墨绿色，有强烈金绿色金属光泽。胸部腹面和股胫节红褐色，腹部和跗节深红褐色。鞘翅有细密刻点，纵沟深显；侧缘弯突，后角近直角。成虫具趋光性。以植物的花、叶和果实为食。

墨绿彩丽金龟

宽缘瓢萤叶甲

宽缘瓢萤叶甲

拉丁学名： *Oides maculatus*

科名：叶甲科 Chrysomeloidae

　　简要特征： 体长约 12 毫米，黄褐色。触角末端 4 节黑褐色，鞘翅具黑色纵带，后胸腹板、腹部黑褐色。寄主为葡萄科等植物。

栎长颈象

拉丁学名： *Paracycnotrachelus longiceps*

科名：卷象科 Attelabidae

　　简要特征： 体长约 10 毫米，红褐或紫黑色。头部细长，胸向前突。寄主是以栎为代表的壳斗科植物。

栎长颈象

巨扁锹甲

巨扁锹甲

拉丁学名： *Serrognhathus titanus*

科名：锹甲科 Lucanidae

　　简要特征： 体长 29~50 毫米，亮黑色。头长方形，上颚长大，呈钳状。前胸背板短宽。鞘翅短而光滑。足稍细长。以树叶、果肉等为食。

中华虎甲

别名：拦路虎

拉丁学名： *Cicindela chinenesis*

科名：虎甲科 Cicindelidae

　　简要特征： 体长 17.5~22 毫米，体宽 7~9 毫米。复眼大而突出，触角细长，胸背板前部绿色，背板中部金红或金绿色，鞘翅深亮绿色，杂有黄、黑、红、白斑。肉食性，以活昆虫等为食。

中华虎甲

七星瓢虫

拉丁学名： *Coccinella septempunctata*

科名：瓢虫科 Coccinellidae

简要特征：体长 5.2~6.5 毫米，宽 4.0~5.6 毫米，瓢状。头黑色，有 2 个淡黄色点。前胸背板黑，两前上角各有 1 个大方形黄斑。小盾片黑色。鞘翅红色或橙黄色，前方接合处有一大黑点，其余两侧各有 3 个黑点。有假死习性。遇敌后，6 足关

七星瓢虫

节渗出辣臭味黄液。以蚜虫、小土粒、真菌孢子、小型昆虫、花粉及同类为食。

异色瓢虫

拉丁学名： *Harmonia axyridis*

科名：瓢虫科 Coccinellidae

简要特征：体长 5.4~8 毫米，体宽 3.8~5.2 毫米，瓢状。与七星瓢虫显著的不同在于鞘翅色泽及斑纹变异有多个类型。具聚集行为。有迁飞和自残、滞育和假死等习性。以蚜虫等为食。

异色瓢虫

蜻蜓目

碧伟蜓

别名：马大头

拉丁学名：_Anax parthenope_

科名：蜓科 Aeshnidae

简要特征：体长70~75毫米，翅展约100毫米。头黄色，胸黄绿色，被细黄毛。翅透明，淡黄色，翅痣褐色。腹部褐色。幼虫称水虿(chài)，以孑孓或蜉蝣等水生昆虫为食。成虫以蚊、蝇、蜂、蛾等为食。可药用。

碧伟蜓

赤蜻蛉

别名：红蜻

拉丁学名：_Crocothemis servilia_

科名：蜻科 Libellulidae

简要特征：体长30~44毫米，翅展约70毫米，鲜红色。翅透明，基部橙色。腹背面有细黑线。以蚊、蝇、蜂、蝶、鱼等为食。

赤蜻蛉

异色灰蜻

拉丁学名： *Orthetrum melania*

科名：蜻科 Libellulidae

简要特征： 体长约 50 毫米，翅展约 80 毫米。雌雄异色。雄虫胸部深褐色，具灰色粉末，翅具褐色斑，腹部灰色至黑色。雌虫黄色。以蚊、蝇等飞虫为食。

异色灰蜻

双翅目

中华单羽食虫虻（méng）

别名：中华盗虻

拉丁学名： *Cophinopoda chinensis*

科名：盗虻科 Asilidae

简要特征： 体长 20~28 毫米，黄褐色，瘦长。复眼大，红绿色。足强壮带刺。以蝽、隐翅虫、金龟子等为食。

中华单羽食虫虻

牛　虻

别名：牛蚊子、瞎眼虻

拉丁学名： *Tabanus bivitatus*

科名：虻科 Tabanidae

　　简要特征： 体长约19毫米，宽约6毫米，长卵形，被黑软毛。头阔、半球形，复眼大、墨绿色，具3条黑褐色横线，触角短。腹黄色，有黑褐色斑。足粗壮。雄虫以花粉为食，雌虫以牛等动物的血液为食。可药用。

牛虻

黑尾黑麻蝇

拉丁学名： *Helicophagella melanura*

科名：麻蝇科 Sarcophagidae

　　简要特征： 体长10~14毫米，灰褐色。复眼大而突出，红褐色。胸背部有3对中鬃，腹部细长，尾部黑色。幼虫可作动物饲料。杂食性。可药用。

黑尾黑麻蝇

蜉蝣目

蜉蝣

拉丁学名： *Ephemeroptera*

科名： 蜉蝣科 Ephemeridae

　　简要特征： 体长 3~27 毫米，微黄色，体软纤细。复眼发达，尾须细长。幼虫水生，以水草腐屑、藻类、原生动物、昆虫幼体等为食。成虫不饮不食，寿命短。是最原始的有翅昆虫之一。

蜉蝣

螳螂目

中华大刀螂

别名： 大刀螳螂

拉丁学名： *Tenodera sinensis*

科名： 螳螂科 Mantidae

　　简要特征： 体长 60~120 毫米，暗褐色或绿色。头三角形，复眼大而突出。胸背板和肩部发达，翅草绿色带烟斑，革质。前足镰刀状，有钩刺。一年 1 代。以昆虫及同类等为食。

中华大刀螂

同翅目

斑衣蜡蝉

别名： 花姑娘、花蹦蹦

拉丁学名： *Lycorma delicatula*

科名： 蜡蝉科 Fulgoridae

　　简要特征： 体长 15~25 毫米，翅展 40~50 毫米。前翅灰褐色，有黑斑。后翅基部红色有黑斑，中室蓝色，端部黑色。若虫小龄黑有白斑，大龄红有白斑。一年 1 代。有毒，会喷酸液。以椿科等多种树木汁液为食。成虫可入药，称为"樗（chū）鸡"。

斑衣蜡蝉成虫

斑衣蜡蝉幼虫

蟪 蛄

别名： 小熟了

拉丁学名： *Platypleura kaempferi*

科名： 蝉科 Cicadidae

　　简要特征： 体长约 35 毫米，黄绿色，有黑色条纹。吻长，前翅有黑斑，后翅除边缘均为黑色。雄蝉腹部有发音器。以树汁为食。

蟪蛄

直翅目

棉　蝗

别名：蹬倒山、大青蝗、中华巨蝗

拉丁学名： *Chondracris rosea*

科名：蝗科 Acrididae

　　简要特征： 体长可达 80 毫米。触角丝状。前胸背中线隆起，黄绿色。前翅如船桨，淡黄色。后翅扇状，基部和中部淡紫红色。后足腿节发达、青绿色，胫节淡紫红色、具硬刺。一年 1 代。以禾本科植物为食。

棉蝗

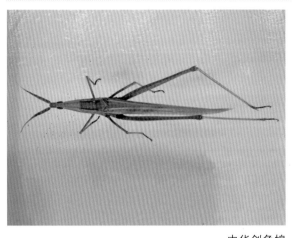

中华剑角蝗

中华剑角蝗

别名：中华蚱蜢

拉丁学名： *Acrida cinerea*

科名：剑角蝗科 Acrididae

　　简要特征： 体长 80~100 毫米，绿色或黄褐色，背面有淡红色纵条纹。头圆锥形，触角剑状。胸背板中线隆起，前翅绿色或枯草色，有淡红色或暗褐色条纹。后翅淡绿色，腹缘淡红色。足绿色或褐色。一年 1 代。杂食性。为害农作物。

东亚飞蝗

别名：蚂蚱、蝗虫

拉丁学名： *Locusta migratoria manilensis*

科名：飞蝗科 Oedipodidae

　　简要特征： 体长 33~51.5 毫米，绿色或黄褐色。前翅角质褐色有黑斑，后翅膜质。腿节黑色，胫节红色。一年 2 代。杂食性。为害农作物。

东亚飞蝗

华北蝼蛄

别名：土狗

拉丁学名：*Gryllotalpa unispina*

科名：蝼蛄科 Gryllotalpidae

　　简要特征：体长 40~66 毫米，黄褐色。头色较深。前胸背板盾形。前足发达，中、后足小。一年1代。杂食性。以植物的地下根茎为食。可入药。

华北蝼蛄

黑油葫芦

黑油葫芦

别名：蛐蛐

拉丁学名：*Teleogryllus mitratus*

科名：蟋蟀科 Gryllidae

　　简要特征：体长 20~30 毫米，黑褐色，油光闪亮。触角褐色，长软。头黑色圆球形，面黄褐色。胸背板黑褐色，有淡斑纹。翅背面褐色，侧面黄色。尾须长。一年1代，以农作物为食。具药用和观赏价值。

突灶螽（zhōng）

别名：灶马、灶鸡

拉丁学名：*Diestraena japonica*

科名：穴螽科 Rhaphidophoridae

　　简要特征：体长 36~38 毫米，红褐色至黑褐色。体表坚实，背隆突或驼背状，无翅，后腿摩擦发声。足关节及胫节具棘刺，后足腿节粗大，侧缘淡黄褐色具线斑。有趋光性。杂食性。以植物、饭粒、菜屑为食。可药用。

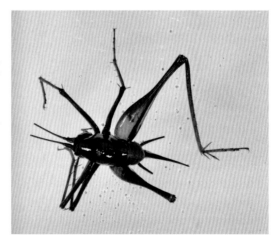

突灶螽

两栖纲

该纲动物皮肤裸露，分泌腺多。幼体以鳃呼吸，成体以肺呼吸。混合型血液循环，变温动物。个体发育有变态过程。代表动物有蛙、蟾蜍等。

无尾目

黑斑侧褶蛙

拉丁学名： *Pelophylax nigromaculatus*

科名： 蛙科 Ranidae

简要特征：体长 60~80 毫米。头长大于头宽，吻尖，鼓膜大，舌宽厚，后端缺刻深。背部皮肤较粗糙，背侧褶明显。体侧有长疣或痣粒，腹面光滑。前后肢短。捕食螟虫、蝼蛄、叶蝉、稻飞虱等害虫。

黑斑侧褶蛙

北方狭口蛙

别名： 气蛤蟆

拉丁学名： *Kaloula borealis*

科名： 姬蛙科 Microhylidae

简要特征：体型较小，头较宽，吻短而圆，背棕褐色，腹部色浅。前肢细长，后肢粗短，不善跳跃，多爬行，以各种昆虫、树根、花、叶为食。

北方狭口蛙

中华大蟾蜍

拉丁学名： *Bufo gargarizans*

科名： 蟾蜍科 Bufonidae

　　简要特征： 体长一般大于10厘米，头宽大，口阔，吻端圆，舌分叉，眼大而突出，对活动着的物体较敏感。雄性背部多为黑绿色，体侧有浅色斑纹；雌性背面斑纹较浅，瘰疣乳黄色，有棕色或黑色的细花斑。四肢粗壮。以蜗牛、蛞蝓、蚂蚁、甲虫与蛾类等为食。可药用。

中华大蟾蜍

东方铃蟾

东方铃蟾

拉丁学名： *Bombina orientalis*

科名： 铃蟾科 Bombinatoridae

　　简要特征： 体长36~48毫米，头扁平，吻圆，前、后肢短，皮肤粗糙，背部灰棕色或绿色杂黑色斑点，腹部为黑色、朱红色或橘黄色花斑。不善跳跃，以昆虫、蜘蛛、田螺、草籽、水草等为食。

爬行纲

该纲动物身体明显分为头、颈、躯干、四肢和尾部，皮肤上有鳞片或甲。颈部、骨骼、大脑及小脑比较发达。心脏3室（鳄类4室）。区分了咽和喉、食道和气管，呼吸和饮食可以同时进行。肺呼吸，变温动物。雌雄异体，体内受精，卵生或卵胎生。代表动物有蛇、鳄鱼、蜥蜴等。

有鳞目

丽斑麻蜥

拉丁学名： *Eremias argus*

科名： 蜥蜴科 Lacertidae

简要特征： 体长9~12厘米，体型圆长。头略扁平而宽，背棕灰夹青、棕绿、棕褐、黑灰等色，头颈侧有黑镶黄长纹3条，背、体侧有纵列眼状斑。腹部乳白色。以多种昆虫为食。

丽斑麻蜥

北草蜥

拉丁学名： *Takydromus septentrionalis*

科名： 蜥蜴科 Lacertidae

简要特征： 体长24~33厘米，尾占3/4。体背和腹部各有6、8纵行起棱鳞。背面棕绿色，腹面灰棕色或灰白色，以蝗虫、螽斯、蛾、蝶等昆虫及幼虫为食。

北草蜥

宁波滑蜥

拉丁学名： *Scincella modesta*

科名：石龙子科 Scincidae

简要特征：体长 8~10 厘米，头宽于颈，身体细长，四肢短。背棕色，身侧各有 1 条黑色纵纹，尾细长易断。以蚯蚓、蜘蛛、蚂蚁及小蜂、小蝇为食。

宁波滑蜥

无蹼（pǔ）壁虎

拉丁学名： *Gekko swinhonis*

科名：壁虎科 Gekkonidae

简要特征：体长 10.5~13.2 厘米，背面灰棕色，腹面淡肉色，身体扁平，耳孔小，舌长，四肢具五指（趾），其间无蹼，其端膨大，有 5~9 个攀瓣。以小型昆虫为食。

无蹼壁虎

赤峰锦蛇

拉丁学名： *Elaphe anomala*

科名： 游蛇科 Colubridae

　　简要特征： 无毒，体长 2 米左右，体型粗大长圆。背面黄褐色或棕色，散布方形黑褐色小斑。腹面灰白色。主要以啮齿类等小型动物为食。

赤峰锦蛇

黑眉锦蛇

别名： 家蛇、菜花蛇、黄长虫

拉丁学名： *Elaphe taeniura*

科名： 游蛇科 Colubridae

　　简要特征： 大型无毒蛇，体长可达 2 米。眼后有一条明显的黑纹，尾细长。体背黄绿色或棕灰色，前中段有黑色斑纹，中后段有 4 条黑色纵纹。可药用，皮可工业用。

黑眉锦蛇

团花锦蛇

别名：黑镶锦蛇、花长虫

拉丁学名： *Elaphe davidi*

科名：游蛇科 Colubridae

简要特征：无毒，性暴躁。体型粗圆，体长可达90厘米。头扁长，与颈区分明显，眼大圆。体背褐色，背中央及两侧各有一条斑纹，镶黑边，椭圆形，中央纹明显。以小型啮齿类、蜥蜴等为食。国家二级重点保护野生动物。

团花锦蛇

虎斑颈槽蛇

别名：野鸡脖子

拉丁学名： *Rhabdophis tigrinus*

科名：游蛇科 Colubridae

简要特征：体长0.8米左右。背面翠绿色或草绿色，枕部两侧有一对粗大的黑色"八"字形斑，下唇和颈侧为白色，体前段两侧有黑色与橘红色斑块，腹面为淡黄绿色。以鱼类、蛙类、蟾蜍为食。可药用。

虎斑颈槽蛇

黄脊游蛇

别名：白酱杆

拉丁学名： *Coluber spinalis*

科名：游蛇科 Colubridae

　　简要特征： 无毒，体长 1 米左右。背面褐绿色，中央有一条宽条纹，黄白色，镶黑边，躯侧有浅色直条细纹。两眼间有黄白色横纹。可药用。

黄脊游蛇

短尾蝮蛇

拉丁学名： *Gloydius brevicaudus*

科名：蝰科 Viperidae

　　简要特征： 有毒，体长 60 厘米左右，体型较小，头体粗长，尾细短。头部三角形，颊窝明显。体背灰褐色或土红色，具不同形状斑块，体两侧近腹部各有一列棕色斑点。腹面灰白或灰褐色，有黑斑。以鸟、鼠、淡水鱼、蛙、蜥蜴或同类为食。卵胎生。可药用。

短尾蝮蛇

鸟纲

该纲动物体均被羽，恒温，卵生，胚胎外有羊膜。前肢成翼，有时退化。多营飞翔生活。心脏是2心房2心室。有辅助呼吸的气囊。骨多空隙，内充气体。我国鸟类分游禽、涉禽、攀禽、陆禽、猛禽和鸣禽六大生态类群。因迁徙习性的不同，分留鸟、夏候鸟、冬候鸟、旅鸟、迷鸟等类型。全世界已发现超过1万种鸟类，中国有1400多种。

佛法僧目

普通翠鸟

别名：鱼狗、钓鱼郎、蓝翡翠

拉丁学名： *Alcedo atthis*

科名：佛法僧科 Coraciidae

简要特征：留鸟，寿命15年。体长16~17厘米。头顶绿黑色，耳棕色，耳后有白斑，翅、尾蓝色，胸、腹棕红色。嘴粗长直，雄性嘴黑色，雌性下嘴橘黄色。雌性上体羽色较雄鸟稍淡，多蓝色。单独或成对活动。以小鱼、甲壳类、水生昆虫及幼虫为食。

普通翠鸟

三宝鸟

别名：佛法僧、阔嘴鸟、老鸹翠

拉丁学名： *Eurystomus orientalis*

科名：佛法僧科 Coraciidae

简要特征：夏候鸟。体长26~29厘米。头大、头顶扁平，头、颈黑褐色，其余铜绿色或蓝绿色。嘴、脚红色。飞翔时，两翅有明显蓝带。栖息在林缘路边高大乔木顶端枯枝上，以昆虫为食。山东省重点保护野生动物。

三宝鸟

鸽形目

珠颈斑鸠

别名： 野鸽子、花斑鸠、珍珠鸠

拉丁学名： *Streptopelia chinensis*

科名： 鸠鸽科 Columbidae

简要特征：留鸟。体长 27~34 厘米。嘴暗褐色，头鸽灰色，上体褐色，下体粉红色，后颈有满布白色细小斑点的黑色领斑。尾长，外侧黑褐色，末端白色。脚红色。以植物果实、种子和昆虫为食。

珠颈斑鸠

火斑鸠

别名： 红鸠、红斑鸠

拉丁学名： *Streptopelia tranquebarica*

科名： 鸠鸽科 Columbidae

简要特征：留鸟。体长 23 厘米左右。头颈蓝灰色，后颈有黑色领环。腰、尾蓝灰色，其余葡萄红色。以植物种子为食。

火斑鸠

鹤形目

白骨顶鸡

拉丁学名： *Fulica atra*

科名：秧鸡科 Rallidae

　　简要特征： 留鸟。体长 35~43 厘米。黑或暗灰黑色，多数尾下覆羽白色。头有额甲，白色，钝圆，嘴高而侧扁，翅短圆。善游泳，单配制。以植物、昆虫、蠕虫、软体动物、鱼类为食。

白骨顶鸡

白胸苦恶鸟

拉丁学名： *Amaurornis phoenicurus*

科名：秧鸡科 Rallidae

　　简要特征： 夏候鸟。体长 26~35 厘米。额、眼先、两颊、颏、喉、前颈、胸至上腹中央均白色，其余黑褐色或栗红色，上嘴基部橙红色。雄鸟鸣叫音似"kue"。以植物种子、昆虫、蠕虫、软体动物为食。

白胸苦恶鸟

黑水鸡

别名：江鸡、红骨顶

拉丁学名： *Gallinula chloropus*

科名：秧鸡科 Rallidae

简要特征：留鸟。体长24~35厘米。嘴和额甲鲜红，全身黑或暗灰黑色，尾下覆羽白色。多成对活动。以水草、小鱼虾、水生昆虫等为食。

黑水鸡

红胸田鸡

拉丁学名： *Porzana fusca*

科名：秧鸡科 Rallidae

简要特征：夏候鸟。体长19~23厘米。背深褐色，颏、喉白色，头、胸和上腹红栗色，下腹和两胁灰褐色。以水生植物、昆虫、蠕虫、软体动物、鱼类为食。

红胸田鸡

鸻（héng）形目

黑翅长脚鹬（yù）

拉丁学名： *Himantopus himantopus*

科名： 反嘴鹬科 *Recurvirostridae*

　　简要特征： 夏候鸟。体长37厘米左右。长嘴黑色，两翼黑，长腿红色，体羽白，颈背具黑色斑块。栖息于开阔平原草地中的湖泊、浅水塘边等。单独、成对或成小群活动。主要以昆虫、小鱼、蝌蚪、甲壳类动物、环节动物等为食。

黑翅长脚鹬

金眶鸻

拉丁学名： *Charadrius dubius*

科名： 鸻科 *Charadriidae*

　　简要特征： 夏候鸟。体长16厘米左右。上体沙褐色，下体白色。有明显的白色和黑色领圈，眼周金黄色，眼后白斑向后延伸至头顶相连。常栖息于湖泊沿岸、河滩或水稻田边。单个或成对活动。以昆虫、种子、蠕虫等为食。

金眶鸻

灰头麦鸡

拉丁学名： *Vanellus cinereus*

科名： 鸻科 Charadriidae

简要特征：夏候鸟。全长 35
厘米左右。头颈部灰色，眼周及
眼先黄色，胸部有黑色宽带，腹
白色。夏羽上体棕褐色，翼尖黑色，
内侧飞羽白色。尾白色，有黑色
端斑。以蚯蚓、昆虫、螺类等为食。

灰头麦鸡

黑嘴鸥

拉丁学名： *Saundersilarus saundersi*

科名： 鸥科 Laridae

简要特征：夏候鸟。体长 31~39
厘米。嘴黑色。夏羽头黑色，初级飞
羽黑色，脚红色，其余白色。冬羽头
顶有淡褐色斑，耳区有黑色斑。种群
数量稀少，目前仅渤海湾、黄海沿岸
有繁殖地。小群活动。主要以昆虫、
甲壳类动物、蠕虫等为食。国家一级
保护动物。

黑嘴鸥

红嘴鸥

别名：笑鸥、钓鱼郎、水鸽子

拉丁学名： *Chroicocephalus ridibundus*

科名： 鸥科 Laridae

简要特征：旅鸟，寿命可达 32 年。体长 37~43 厘米。嘴和脚红色，眼后耳区有明显黑斑，身体大部分的羽毛是白色。以鱼、虾、昆虫、水生植物和人类丢弃的食物残渣为食。

红嘴鸥

黑腹滨鹬

拉丁学名： *Calidris alpina*

科名： 鹬科 Scolopacidae

简要特征：冬候鸟。体长 16~22 厘米。长嘴黑色、尖端微向下弯曲，脚黑色，颊至胸具黑褐色细纵纹，下体白色，腹有黑斑。栖息于湖泊、河流、水塘岸边或沼泽地。成群活动。主要以甲壳类动物、软体动物、昆虫等为食。

黑腹滨鹬

矶 鹬

拉丁学名： *Actitis hypoleucos*

科名： 鹬科 Scolopacidae

简要特征：夏候鸟。体长 16~22 厘米。嘴、脚较短，有白色眉纹和黑色过眼纹，上体黑褐色，下体白色。主要以昆虫、螺、小鱼、蠕虫等为食。

矶鹬

尖尾滨鹬

尖尾滨鹬

拉丁学名： *Calidris acuminata*

科名： 鹬科 Scolopacidae

简要特征：旅鸟。体长 16~22 厘米。黑褐色，眉纹白色，颏、喉白色有黑褐色斑点，胸浅棕色，下胸、两胁有箭头形斑，腹白色，楔尾，腿灰绿色。以蚊虫、小螺、甲壳类、软体动物等为食。

青脚鹬

拉丁学名： *Tringa nebularia*

科名： 鹬科 Scolopacidae

简要特征：旅鸟，寿命可达 12 年。体长 30~35 厘米。颈和胸部有黑色纵斑，背灰黑色，有黑色轴斑和白色羽缘，下体白色，腿近绿色。常单独或成对活动。以虾、蟹、小鱼、螺、水生昆虫和昆虫幼虫为食。

青脚鹬

鸡形目

环颈雉

别名：山鸡、野鸡、项圈野鸡

拉丁学名： *Phasianus colchicus*

科名：雉科 Phasianidae

简要特征：留鸟。全长59~87厘米。头黑色或黑褐色，眼周红色，雄性颈有白圈，体黄褐色中有黑褐色斑点。尾长。栖息林边灌木丛或草地。以昆虫、果实、种子、植物嫩芽为食。山东省重点保护野生动物。

环颈雉

鲣鸟目

普通鸬鹚

别名：黑鱼郎、水老鸦、鱼鹰

拉丁学名： *Phalacrocorax carbo*

科名：鸬鹚科 Phalacrocoracidae

简要特征：夏候鸟。体长72~87厘米，嘴黄绿色，眼后下方白色，头颈有紫绿色光泽，翅有青铜色光泽，其余黑色。繁殖期脸部有红斑，头颈有白丝羽，下胁有白斑。以各种鱼类为食。山东省重点保护野生动物。

普通鸬鹚

鹃形目

大杜鹃
别名：喀咕、布谷、郭公、获谷
拉丁学名： *Cuculus canorus*
科名：杜鹃科 Culidae

　　简要特征：夏候鸟。体长 32 厘米左右。头及上体灰色，下体白色，全身杂有黑暗褐色斑纹，尾部黑色横斑较宽。雄性善鸣叫，声音洪亮，似"布谷"。不营巢，在苇莺、灰喜鹊等雀类的鸟巢中产卵。以松毛虫、鳞翅类、甲壳类等昆虫及幼虫为食。

大杜鹃

䴙䴘（pì tī）目

小䴙䴘
别名：水葫芦、王八鸭子
拉丁学名： *Tachybaptus ruficollis*
科名：䴙䴘科 Podicipedidae

　　简要特征：留鸟。体长 20 厘米左右。眼球黑色，脚黑色。幼鸟颈部有白色斑纹。成鸟春、夏、秋季嘴前端象牙白色，嘴基米黄色，颈红褐色，体侧黑红褐色，背黑色，尾羽白色；冬季嘴喙土黄色，颈侧浅黄色，背羽黑褐色，尾羽白色。以小鱼、小虾、小型节肢动物为食。

小䴙䴘

雀形目

云 雀

别名：告天子、天鹨、鱼鳞燕

拉丁学名： *Alauda arvensis*

科名：百灵科 Alaudidae

　　简要特征： 冬候鸟。体长 18 厘米左右。背部花褐色、浅黄色，胸腹部白色。外尾羽白色，尾巴棕色。后趾有 1 长而直的爪。雄性有羽冠。集群活动。以种子、昆虫等为食。

云雀

凤头百灵

别名：凤头阿鹨儿、大阿勒

拉丁学名： *Galerida cristata*

科名：百灵科 Alaudidae

　　简要特征： 冬候鸟。体长 18 厘米左右。有羽冠，上体沙褐色有黑色纵纹，尾覆羽皮黄色。下体浅皮黄，胸密布近黑色纵纹。嘴略长下弯。以种子、昆虫等为食。山东省重点保护野生动物。

凤头百灵

白头鹎（bēi）

别名：白头翁

拉丁学名： *Pycnonotus sinensis*

科名：鹎科 Pycnonotidae

　　简要特征： 留鸟，寿命可达 10~15 年。体长 16~22 厘米。前额头顶黑色，两眼上方至后枕白色，腹白色有黄绿色纹。以昆虫、浆果、种子为食。中国特有鸟类。

白头鹎

栗耳短脚鹎

拉丁学名： *Hypsipetes amaurotis*

科名：鹎科 Pycnonotidae

　　简要特征： 冬候鸟。体长 28 厘米左右。头顶微有羽冠。头顶至后枕灰色，耳、颈侧栗色，颈背灰色，两翼、尾褐灰色。喉、胸部具浅灰色纵纹。腹部偏白，臀有黑白色横斑。3~5 只成群活动。以果实、种子、昆虫为食。

栗耳短脚鹎

红尾伯劳

别名： 褐伯劳

拉丁学名： *Lanius cristatus*

科名： 伯劳科 Laniidae

　　简要特征：夏候鸟。体长 18~21 厘米。头顶灰色或红棕色，具白色眉纹和粗著的黑色贯眼纹，上体棕褐或灰褐色，两翅黑褐色，下体棕白色。以昆虫、微量草籽为食。

红尾伯劳

红尾斑鸫

拉丁学名： *Turdus naumanni*

科名： 鸫科 Turdidae

　　简要特征：冬候鸟。体长 23~25 厘米。颊、胸、腰红棕色，眼上有白色或红棕色眉纹，背棕褐色，腹白色，两胁和臀有红棕色斑点，尾羽展开呈红棕色。以农林害虫、部分浆果为食。

红尾斑鸫

乌　鸫

拉丁学名： *Turdus merula*

科名： 鸫科 Turdidae

　　简要特征：留鸟，寿命可达 16 年。体长 21~30 厘米。雄性乌鸫眼圈和喙黄色，其余黑色。雌性和初生乌鸫褐色。以昆虫、蚯蚓、种子和浆果为食。能仿其他鸟鸣叫。

乌鸫

宝兴歌鸫

拉丁学名： *Turdus mupinensis*

科名： 鸫科 Turdidae

　　简要特征： 夏候鸟。体长 20~24 厘米。上体橄榄褐色，眉纹棕白色，耳羽淡皮黄色具黑色端斑，在耳区形成显著的黑色块斑。下体白色，密布圆形黑色斑点。以昆虫和昆虫幼虫为食。

宝兴歌鸫

黑枕黄鹂

别名： 黄鹂、黄鸟

拉丁学名： *Oriolus chinensis*

科名： 黄鹂科 Oriolidae

　　简要特征： 夏候鸟。体长 23~27 厘米。通体金黄色，两翅和尾黑色。头枕部有黑色带斑和黑色贯眼纹相连，甚为醒目。以昆虫、果实、种子为食。山东省重点保护野生动物。

黑枕黄鹂

斑背大尾莺

拉丁学名： *Locustella pryeri*

科名： 蝗莺科 Locustellidae

　　简要特征：夏候鸟。体长13厘米左右。上体淡皮黄褐色，有黑纹，下体色白。栖息于河流、湖泊、海岸的芦苇和草地。单独或成对活动。东亚特有鸟类。

斑背大尾莺

白鹡鸰

拉丁学名： *Motacilla alba*

科名： 鹡鸰科 Motacillidae

　　简要特征：留鸟，寿命可达10年。体长18厘米左右。背部黑色或灰色，胸黑色，腹部白色。栖息于村落、河流、小溪、水塘等附近。成对或结小群活动，巢呈杯状。以昆虫为食。

白鹡鸰

黄鹡鸰

拉丁学名： *Motacilla tschutschensis*

科名： 鹡鸰科 Motacillidae

　　简要特征：旅鸟。体长15~18厘米。头顶蓝灰色，有白色、黄色或黄白色眉纹。上体橄榄绿色或灰色，飞羽黑褐色有两道白色或黄白色横斑。尾黑褐色，最外侧两对尾羽大都白色。下体黄色。成对或小群活动。以昆虫为食。

黄鹡鸰

灰鹡鸰

拉丁学名： *Motacilla cinerea*

科名： 鹡鸰科 Motacillidae

  简要特征： 留鸟。体长 19 厘米左右。前额到后颈灰色或深灰色，肩至腰灰色沾暗绿褐色或暗灰褐色，腹黄色，尾黄、黑、白、褐杂色。眉纹和颧纹白色，眼先、耳羽灰黑色。雄性颏、喉夏季为黑色，雌性和雄性冬季均为白色。成对或小群活动。以昆虫为食。

灰鹡鸰

山鹡鸰

拉丁学名： *Dendronanthus indicus*

科名： 鹡鸰科 Motacillidae

  简要特征： 夏候鸟。体长 17 厘米左右。眉纹白，上体灰褐，胸部有两道黑色横斑纹，翼有两道白黑斑纹，下体白色。成对或小群活动。以昆虫为食。

山鹡鸰

黑卷尾

别名： 黑黎鸡、铁燕子

拉丁学名： *Dicrurus macrocercus*

科名： 卷尾科 Dicruridae

  简要特征： 夏候鸟。体长 30 厘米左右。通体黑色，上体、胸部及尾羽具辉蓝色光泽。尾长，为深凹形，最外侧一对尾羽向外上方卷曲，繁殖期有强烈的领地意识，性凶猛，非繁殖期喜结群打斗。以昆虫为食。

黑卷尾

灰椋（liáng）鸟

别名： 高粱头、假画眉

拉丁学名： *Sturnus cineraceus*

科名： 椋鸟科 Sturnidae

简要特征：留鸟。体长 18~24 厘米。嘴橙红，脚橙黄，头顶至后颈黑色，额和头顶杂有白色，上体灰褐色，尾上覆羽白色。成对或成群活动。以昆虫、果实、种子为食。

灰椋鸟

丝光椋鸟

别名： 牛屎八哥

拉丁学名： *Sturnus sericeus*

科名： 椋鸟科 Sturnidae

简要特征：夏候鸟。体长 20~23 厘米。嘴红色，脚橙黄色。雄鸟头、颈丝光白色或棕白色，上体深灰色，下体灰色，上、下体后部都变淡，两翅和尾黑色。雌鸟头顶前部棕白色，后部暗灰色，上体灰褐色，下体浅灰褐色。以果实、种子、昆虫为食。

丝光椋鸟

黄腰柳莺

别名： 柳串儿、串树铃儿、绿豆雀

拉丁学名： *Phylloscopus proregulus*

科名： 柳莺科 Phylloscopidae

简要特征：旅鸟。体长 8~11 厘米。头顶、眉纹淡黄绿色，上体橄榄绿色，两翅、尾黑褐色，腰有黄带，翅有深黄色翼斑，腹白色。单独或成对活动。以昆虫为食。

黄腰柳莺

极北柳莺

别名：铃铛雀

拉丁学名： *Phylloscopus borealis*

科名：柳莺科 Phylloscopidae

简要特征：旅鸟。体长 12 厘米左右。眉纹白色，眼先、过眼纹黑色，上体灰橄榄色，下体略白。以昆虫为食。

极北柳莺

中华攀雀

拉丁学名： *Remiz consobrinus*

科名：攀雀科 Remizidae

简要特征：夏候鸟。体长10~11.5 厘米。虹膜深褐色，嘴灰黑色，脚蓝灰色。雄鸟顶冠灰，脸罩黑，背棕色，尾凹形。雌鸟及幼鸟色暗。除繁殖季节外，多成群活动。主要以昆虫、植物为食。善筑吊巢，被誉为"鸟类建筑师"。

中华攀雀

树麻雀

别名：麻雀、老家贼

拉丁学名： *Passer montanus*

科名：雀科 Passeridae

简要特征：留鸟。体长13~15厘米。额、头顶至后颈栗褐色，侧白色，耳有黑斑，背沙褐或棕褐色具黑色纵纹，颏、喉黑色，下体污灰白色微带褐色。以植物性食物和昆虫为食。

树麻雀

山麻雀

拉丁学名： *Passer cinnamomeus*

科名：雀科 Passeridae

简要特征：夏候鸟。体长 13~15厘米。雄鸟头棕色或淡灰白色，颏、喉黑色，上体栗红色，背中有黑色纵纹，下体灰白色沾黄。雌鸟上体褐色，有宽阔的皮黄白色眉纹。以植物性食物和昆虫为食。

山麻雀

灰山椒鸟

别名： 十字鸟、呆鸟、宾灰燕儿

拉丁学名： *Pericrocotus divaricatus*

科名： 山椒鸟科 Campephagidae

简要特征：旅鸟。体长 18~20 厘米。上体灰色或石板灰色，两翅和尾黑色，翅上具斜行白色翼斑，外侧尾羽先端白色，前额、头顶前部、颈侧和下体均白色，具黑色贯眼纹。雄鸟头顶后部至后颈黑色，雌鸟头顶后部和上体均为灰色。以昆虫为食。

灰山椒鸟

大山雀

别称： 黑子、灰山雀、白脸山雀

拉丁学名： *Parus cinereus*

科名： 山雀科 Paridae

简要特征：留鸟。体长 13~15 厘米。头黑且两侧有白斑，上体蓝灰色，背沾绿色，下体白色，胸、腹有一条宽阔的黑色中央纵纹与颏、喉相连。栖息于低山和山麓地带的阔叶林、混交林。以金花虫、毒蛾幼虫、松毛虫、蚂蚁等昆虫为食。

大山雀

褐头山雀

拉丁学名： *Poecile montanus*

科名： 山雀科 Paridae

简要特征：旅鸟。体长 11.5~14 厘米。头顶、颏、喉褐黑，颊白，上体褐灰，下体白，腹棕，两胁皮黄。除 4 月下旬到 6 月的繁殖期，多成群活动。以昆虫、昆虫幼虫、少量植物为食。

褐头山雀

黄腹山雀

拉丁学名： *Pardaliparus venustulus*

科名： 山雀科 Paridae

简要特征：旅鸟。体长 9~11 厘米。雄鸟头、上背、颏、上胸黑色，下胸到尾下覆羽黄色，脸颊和后颈各有白斑，下背、腰亮蓝灰色，翅黑褐色有黄白色端斑，尾黑白色。雌鸟颏、喉、颊和耳羽灰白色，上体灰绿色，下体淡黄绿色。以昆虫和少量果实种子为食。中国特有鸟类。

黄腹山雀

棕扇尾莺

别名：锦鸲

拉丁学名： *Cisticola juncidis*

科名：扇尾莺科 Cisticolidae

　　简要特征：夏候鸟。体长9~11厘米。棕白色眉纹，上体棕色有黑褐色羽干纹，尾为凸状，下体白色。以昆虫和种子为食。

棕扇尾莺

远东树莺

拉丁学名： *Cettia canturians*

科名：树莺科 Cettiidae

　　简要特征：夏候鸟。体长17厘米左右。通体棕色，有皮黄色眉纹。喙上褐色下皮黄色，脚粉红色。以昆虫为食。

远东树莺

太平鸟

拉丁学名：*Bombycilla garrulus*

科名：**太平鸟科** Bombycillidae

　　简要特征：冬候鸟，寿命可达13年。体长18厘米左右。头顶有一细长呈簇状的羽冠，头部栗褐色，黑色贯眼纹从嘴基经眼到后枕。颏、喉黑色。翅有白斑，次级飞羽末端有红色滴状斑，尾有黑色次端斑和黄色端斑。以植物的果实、种子为食。山东省重点保护野生动物。

太平鸟

东方大苇莺

别名：**苇串儿、麻喳喳**

拉丁学名：*Acrocephalus orientalis*

科名：**苇莺科** Acrocephalidae

　　简要特征：夏候鸟。体长18~19厘米。有显著的皮黄色眉纹，上体橄榄褐色，下体乳黄色。主要以昆虫、蜘蛛、无脊椎动物为食。

东方大苇莺

北红尾鸲（qú）

拉丁学名： *Phoenicurus auroreus*

科名： 鹟科 Muscicapidae

简要特征：留鸟。体长 13~15 厘米。雄鸟前额至上胸黑色，头顶上背灰色，下背和两翅黑色有白色翅斑，腰、尾橙棕色，中央一对尾羽和最外侧一对尾羽黑色，下体橙棕色。雌鸟上体橄榄褐色，两翅黑褐色有白斑，下体暗黄褐色。栖息于山地、森林、河谷、林缘和居民点附近的灌丛与低矮树丛中。多以农作物和树木害虫为食。

北红尾鸲

北灰鹟（wēng）

拉丁学名： *Muscicapa dauurica*

科名： 鹟科 Muscicapidae

简要特征：旅鸟。体长 10~15 厘米。上体灰褐，下体偏白，胸侧及两胁灰褐色，眼圈白色，嘴黑色，下嘴基黄色，脚黑色。栖息于落叶阔叶林、针阔叶混交林和针叶林中。以昆虫和昆虫幼虫为食。

北灰鹟

黑喉石䳭（jí）

拉丁学名： *Saxicola torquata*

科名： 鹟科 Muscicapidae

简要特征：旅鸟。体长 12~15 厘米。雄鸟上体黑褐色，腰白色，颈侧和肩有白斑，颏、喉黑色，胸锈红色，腹浅棕色或白色。雌鸟上体灰褐色，喉近白色，其余和雄鸟相似。单独或成对活动。以昆虫和少量植物的果实、种子为食。

黑喉石䳭

红腹红尾鸲

拉丁学名： *Phoenicurus erythrogaster*

科名： 鹟科 Muscicapidae

简要特征：旅鸟。体长 16~19 厘米。雄鸟头、上体、翼黑色，头顶至枕白色，翅有大白斑，其余为锈棕色。雌鸟烟灰褐色，腰至尾上覆羽和尾羽棕色，眼有一圈白色，下体浅棕灰色。单独或小群活动。以昆虫和植物的果实、种子等为食。

红腹红尾鸲

红胁蓝尾鸲

别名：蓝点冈子、蓝尾巴根子

拉丁学名： *Tarsiger cyanurus*

科名： 鹟科 Muscicapidae

简要特征：旅鸟。体长 13~15 厘米。雄鸟眉纹白，上体蓝色，两胁橘黄色，腹部及臀白色。雌鸟喉褐色有白色中线，体褐色，尾蓝色。以昆虫、昆虫幼虫、少量果实及种子为食。

红胁蓝尾鸲

蓝矶鸫

别名：麻石青

拉丁学名： *Monticola solitarius*

科名： 鹟科 Muscicapidae

简要特征：夏候鸟。体长 18~23 厘米。雄鸟上体蓝色，两翅、尾黑色，下体前蓝后栗红色。雌鸟上体蓝灰色，下体棕白，缀以黑色波状斑。单个或成对活动。以昆虫、蜘蛛为食。

蓝矶鸫

灰纹鹟

别名：灰斑鹟、斑胸鹟

拉丁学名： *Muscicapa griseisticta*

科名： 鹟科 Muscicapidae

简要特征：旅鸟。体长 14 厘米左右。上体褐灰色，眼圈白。下体白，胸及两胁有深灰色纵纹。嘴、脚黑色。以昆虫为食。

灰纹鹟

乌鹟

乌　鹟

拉丁学名： *Muscicapa sibirica*

科名： 鹟科 Muscicapidae

　　简要特征： 旅鸟。体长 12~14 厘米。嘴黑色，白色眼圈，喉白，白色半颈环。上体深灰，翼有黄斑。下体白色，上胸有灰褐色斑，两胁深色有烟灰色斑。脚黑色。主要以昆虫和昆虫幼虫为食。

黄喉鹀

拉丁学名： *Emberiza elegans*

科名： 鹀科 Emberizidae

　　简要特征： 旅鸟。体长 15 厘米左右。喙圆锥形微向内弯，眉纹前黄白后鲜黄色，上喉黄下喉白，背栗红或暗栗色，颏黑色，胸有半月形黑斑，其下体白色或灰白色。雄鸟有一短而竖直的黑色羽冠，雌鸟羽毛较暗淡。巢在地面或灌丛内，碗状。集群活动。以昆虫及其幼虫、植物种子为食。

黄喉鹀

三道眉草鹀

三道眉草鹀

别名： 大白眉、三道眉、山麻雀

拉丁学名： *Emberiza cioides*

科名： 鹀科 Emberizidae

　　简要特征： 留鸟。体长 16 厘米左右。棕色，有明显的黑色或红棕色过眼纹、白色眉纹、栗色胸带。喜欢在开阔地活动。以昆虫、野生草种为食。

田　鹀

别名：花眉子、花九儿

拉丁学名： *Emberiza rustica*

科名： 鹀科 Emberizidae

　　简要特征：冬候鸟。体长 13~15 厘米。雄鸟头部及羽冠黑色，白色眉纹，耳有白斑，颊、喉、下体白色，有栗色胸环，体背栗红色有黑纵纹，翼、尾灰褐色，两胁栗色。雌鸟比雄鸟羽色浅，脚肉黄色。以草籽、谷物为食。

田鹀

苇　鹀

别名：山家雀儿、山苇容

拉丁学名： *Emberiza pallasi*

科名： 鹀科 Emberizidae

　　简要特征：冬候鸟。体长 12~15.5 厘米。头、上胸中央黑色，其余下体乳白色，背、肩、翅黑色，有白、皮黄色羽缘。雌鸟有眉纹，前颊白色。小群活动。以种子、昆虫、虫卵为食。

苇鹀

小　鹀

别名： 高粱头、虎头儿

拉丁学名： *Emberiza pusilla*

科名： 鹀科 Emberizidae

简要特征：旅鸟。体长 13 厘米左右。喙为圆锥形，体羽似麻雀，外侧尾羽有较多的白色。雄鸟夏羽头侧线和耳羽后缘黑色，眉纹白色。雌鸟眼周皮黄色。繁殖期在地面或灌丛内筑碗状巢。以植物种子、昆虫为食。

小鹀

白眉鹀

拉丁学名： *Emberiza tristrami*

科名： 鹀科 Emberizidae

简要特征：旅鸟。体长 13~15 厘米。喙圆锥形，头黑色或褐色，下喉白色，胸栗色，其余下体白色，两胁具栗色纵纹。雄鸟中央冠纹、眉纹、颚纹白色。雌鸟为黑色，背、肩栗褐色具黑色纵纹，腰和尾上覆羽栗色或栗红色。单个或成对活动。以植物种子为食。

白眉鹀

灰头鹀

别名：青头愣、青头鬼儿

拉丁学名： *Emberiza spodocephala*

科名：鹀科 Emberizidae

　　简要特征：旅鸟。体长13~16厘米。喙为圆锥形，微向内弯，体羽褐色似麻雀，外侧尾羽及尾下羽白色较多。以植物和昆虫为食。

灰头鹀

暗绿绣眼鸟

拉丁学名： *Zosterops japonicas*

科名：绣眼鸟科 Zosteropidae

　　简要特征：夏候鸟。体长9~11厘米。上体绿色，眼周有白色眼圈。下体白色。颏、喉和尾淡黄色。巢小而精致，吊篮式。小群活动。以昆虫和植物为食。山东省重点保护野生动物。

暗绿绣眼鸟

灰喜鹊

别名： 蓝膀喜鹊、山连子、山喜鹊

拉丁学名： *Cyanopica cranus*

科名： 鸦科 Corvidae

简要特征：留鸟。体长40厘米左右。头、后颈亮黑色，背上灰色，翅膀、长尾天蓝色，下体灰白色。以昆虫、果实、种子、动物尸体为食。

灰喜鹊

喜　鹊

拉丁学名： *Pica pica*

科名： 鸦科 Corvidae

简要特征：留鸟。体长40~50厘米。除翼肩有白斑、腹白色外，其余黑色，并自前往后分别呈现紫色、绿蓝色、绿色光泽。尾较长，楔形。繁殖期成对活动。以植物、昆虫、蛇、蛙、雏鸟和鸟卵等为食。

喜鹊

家　燕

拉丁学名： *Hirundo rustica*

科名： 燕科 Hirundinidae

简要特征：夏候鸟。体长13~20厘米。喙倒三角形，翅狭长而尖，尾呈叉状，脚短而细弱，趾三前一后。上体蓝黑色有金属光泽，腹面白色。成对或成群活动。以蝇、蚊等多种昆虫为食。

家燕

黑尾蜡嘴雀

别名：蜡嘴、小桑嘴

拉丁学名：*Eophona migratoria*

科名：燕雀科 Fringillidae

简要特征：夏候鸟。体长 17~21 厘米。雄雌异形异色。雄鸟头辉黑色，背、肩灰褐色，腰和尾上覆羽浅灰色，两翅和尾黑色，具白色端斑。下体灰褐色或带黄色，腹和尾下覆羽白色。雌鸟头灰褐色，背灰黄褐色，腰和尾上覆羽近银灰色，尾羽灰褐色，端部多为黑褐色，头侧、喉银灰色，下体淡灰褐色，腹和两胁沾橙黄色。以植物性食物和昆虫为食。

黑尾蜡嘴雀

红腹灰雀

拉丁学名：*Pyrrhula pyrrhula*

科名：燕雀科 Fringillidae

简要特征：冬候鸟。体长 14 厘米左右。嘴厚略带钩，头顶及眼辉黑，雄鸟背灰色，腰、臀白色，下体灰粉色，翼黑白相间。雌鸟下体暖褐色。以植物种子、果实为食。

红腹灰雀

黄　雀

别名：金雀、芦花黄雀

拉丁学名： *Spinus spinus*

科名： 燕雀科 Fringillidae

　　简要特征：旅鸟。体长11厘米左右。雄鸟头顶、颏、翼斑、尾基黑色，其余鲜黄色，雌鸟有灰绿色斑纹；下体暗淡黄色有黑斑。成群活动。以果实、种子、嫩芽、少量昆虫为食。山东省重点保护野生动物。

黄雀

山　鹛

别名：山莺、长尾巴狼

拉丁学名： *Rhopophilus pekinensis*

科名： 莺鹛科 Sylviidae

　　简要特征：留鸟。体长18厘米左右。虹膜褐色，嘴角质色，有淡皮黄色眉纹，上体灰色，头、颊、背、翅有褐色纵纹，喉部、下体浅色，胸下有栗色纵纹，尾特长，尾羽端污白色，脚黄褐色。以昆虫及昆虫幼虫为食。

山鹛

震旦鸦雀

拉丁学名： *Paradoxornis heudei*

科名： 莺鹛科 Sylviidae

简要特征：留鸟。体长 18 厘米左右。嘴黄色带嘴钩，眉纹黑色，额、头顶及颈背灰色，上背黄褐色有黑纵纹，下背黄褐色。颏、喉及腹中心近白色，两胁黄褐色，尾羽中央沙褐色，其余黑色，羽端白色，翼由浓黄褐色渐变成近黑色。成群活动。以昆虫、浆果为食。中国特有的珍稀鸟种，被称为"鸟中熊猫"。

震旦鸦雀

棕头鸦雀

拉丁学名： *Sinosuthora webbianus*

科名： 莺鹛科 Sylviidae

简要特征：留鸟。体长 12 厘米左右。头、背、翅棕红色，其余上体橄榄褐色，尾暗褐色。喉、胸粉红色，下体淡黄褐色。以鞘翅目和鳞翅目等昆虫、蜘蛛、果实、种子为食。

棕头鸦雀

画 眉

拉丁学名： *Garrulax canorus*

科名： 噪鹛科 Leiothrichidae

简要特征：夏候鸟。体长 23 厘米左右。头顶、背有黑褐色纵纹，眼周具白色长纹，其他棕褐色。鸣声婉转悠扬。以昆虫、草籽、野果为食。中国特有鸟类。

画眉

银喉长尾山雀

别名： 十姐妹、团子雀

拉丁学名： *Aegithalos caudatus*

科名： 长尾山雀科 Aegithalidae

简要特征：留鸟。体长 10~12 厘米。头顶黑色有浅纵纹，头、颈侧葡萄棕色，背灰色或黑色，翅黑色有白边，部分喉部有银灰色斑，尾占体长一半以上。以昆虫及植物种子等为食。

银喉长尾山雀

隼形目

红脚隼

别名： 阿穆尔隼、红腿鹞子

拉丁学名： *Falco amurensis*

科名： 隼科 Falconidae

简要特征：夏候鸟。体长 26~30 厘米。胸有黑褐色纵纹，翅有黑褐色羽干纹。雄鸟上体黑色，颏、喉、颈、侧、胸、腹部淡石灰色，肛周、覆腿羽棕红色。雌鸟上体石灰色，下背、肩有黑褐色横斑，颏、喉、颈侧乳白色，其余下体淡黄白色或棕白色，腹中部有点状斑，两侧有黑色横斑。主要以昆虫和小型鸟类、两栖类、鼠类等为食。国家二级重点保护野生动物。

红脚隼

燕 隼

别名： 青条子、蚂蚱鹰

拉丁学名： *Falco subbuteo*

科名： 隼科 Falconidae

简要特征：旅鸟。体长 28~35 厘米。上体深蓝褐色，下体白色，有暗色条纹。腿羽淡红色。以小型鸟类和昆虫为食。国家二级重点保护野生动物。

燕隼

鹈形目

白琵鹭

拉丁学名: *Platalea leucorodia*

科名: **鹮科** Threskiornithidae

简要特征: 旅鸟。体长85厘米左右。眼周、颏、上喉裸皮黄色，头部冠羽及胸黄色，其余白色。嘴长直、扁阔，黑色，前端黄色。成群活动。以鱼、虾、蛙、蜥蜴、水生植物等为食。国家二级重点保护野生动物。

白琵鹭

白 鹭

拉丁学名: *Egretta garztta*

科名: **鹭科** Ardeidae

简要特征: 夏候鸟。体长60厘米左右。嘴黑色，眼黄色，脚黑色，其余白色。栖息河流、水塘、水稻田、海边浅水处。成对或结小群活动。以小鱼、虾、蛙、昆虫为食。山东省重点保护野生动物。

白鹭

苍 鹭

拉丁学名: *Ardea cinerea*

科名: 鹭科 Ardeidae

　　简要特征: 夏候鸟。体长75~105厘米。头、颈、脚和嘴均长。上体苍灰色,尾羽暗灰色,两肩羽端白色,初级飞羽、初级覆羽、外侧次级飞羽黑灰色。栖息在水域附近的树上或芦苇与水草丛中。以小型鱼、虾、蜥蜴、蛙和昆虫为食。山东省重点保护野生动物。

苍鹭

草 鹭

拉丁学名: *Ardea purpurea*

科名: 鹭科 Ardeidae

　　简要特征: 留鸟,寿命25年。体长83~97厘米。身体纺锤形,上体枯草色,下体色淡。额、头顶蓝黑色,枕部有黑色冠羽,胸前有饰羽。腿部被羽,胫部裸露。以水生动物、蜥蜴、蝗虫等为食。山东省重点保护野生动物。

草鹭

大白鹭

拉丁学名： *Ardea alba*

科名： 鹭科 Ardeidae

简要特征：夏候鸟。体长62~98厘米。全身乳白色，喙黑色，虹膜淡黄色；夏羽头有短小羽冠；肩及肩间着生成丛的长蓑羽。栖息于水边。以水生动物、蛙、蜥蜴等为食。山东省重点保护野生动物。

大白鹭

黄苇鳽（jiān）

别名： 黄斑苇鳽、黄秧鸡

拉丁学名： *Ixobrychus sinensis*

科名： 鹭科 Ardeidae

简要特征：夏候鸟。体长46~65厘米。雄鸟额、头顶、枕部、冠羽铅黑色，有灰白色纵纹，头侧、颈、胸、腹黄白色，背棕褐色。雌鸟头顶栗褐色，有黑色纵纹。以水生动物为食。

黄苇鳽

牛背鹭

别名：放牛郎

拉丁学名： *Bubulcus ibis*

科名： 鹭科 Ardeidae

　　简要特征： 夏候鸟。体长40~60厘米，体较肥胖，喙、颈较短粗。夏羽头、颈、背中央橙黄色长饰羽，其余体羽白色。冬羽通体全白色，个别头顶黄色。以昆虫和其他小动物为食。与家畜（尤其是水牛）形成共生关系，常在牛背上歇息。山东省重点保护野生动物。

牛背鹭

犀鸟目

戴　胜

别名：花蒲扇、鸡冠鸟

拉丁学名： *Upupa epops*

科名： 戴胜科 Upupidae

　　简要特征： 留鸟。体长26~31厘米。头顶具凤冠状羽冠且端黑，头、颈、胸淡棕栗色，下背黑色有白色横带。栖息于山地、平原、林缘、耕地。常在树洞内做窝。以昆虫为食。

戴胜

雁形目

白额雁

拉丁学名：*Anser albifrons*

科名：鸭科 Anatidae

简要特征：旅鸟。体长64~80厘米。额有宽阔白斑，脖长，喙扁平。上体灰褐色。下体白色，有黑色块斑。成群活动，飞行时排成"一"字形或"人"字形的队列，一夫一妻制。以植物性食物为食。国家二级重点保护野生动物。

白额雁

斑嘴鸭

别名：谷鸭、火燎鸭

拉丁学名：*Anas zonorhyncha*

科名：鸭科 Anatidae

简要特征：留鸟。体长50~64厘米。上喙黑色，先端黄色，脚橙黄色，脸至上颈侧、眼先、眉纹、颏和喉均为淡黄白色，其余棕褐色带深色斑点。以水生植物、昆虫、软体动物为食。

斑嘴鸭

豆 雁

别名：大雁、麦鹅

拉丁学名： *Anser fabalis*

科名： 鸭科 Anatidae

简要特征：冬候鸟。体长 69~80 厘米。上体灰褐色或棕褐色，下体污白色，嘴黑褐色有橘黄色斑。成群活动，一夫一妻制。以植物和少量动物性食物为食。

豆雁

花脸鸭

巴鸭、黑眶鸭、眼镜鸭

拉丁学名： *Sibirionetta formosa*

科名： 鸭科 Anatidae

简要特征：冬候鸟。体长 37~44 厘米。雄性繁殖羽脸部有黄、绿、黑、白等色斑。胸侧和尾基两侧各有一条垂直白带，翼镜铜绿色。雄性非繁殖羽与雌性相似，暗褐色有细纹，腹部色淡。以藻类、水生植物等为食。国家二级重点保护野生动物。

花脸鸭

绿头鸭

别名： 对鸭、大麻鸭

拉丁学名： *Anas platyrhynchos*

科名： 鸭科 Anatidae

　　简要特征： 留鸟。体长 47~62 厘米。外形大小和家鸭相似。头、颈辉绿色，颈部有白色领环，上体黑褐色。紫蓝色翼镜上下缘有白边。以水生植物、无脊椎动物为食。

绿头鸭

针尾鸭

别名： 尖尾鸭、长尾凫

拉丁学名： *Anas acuta*

科名： 鸭科 Anatidae

　　简要特征： 冬候鸟。体长 43~72 厘米。雄性头暗褐色，颈侧有白色纵带与下体白色相连，背部有褐白相间波状横斑，翼镜铜绿色，正中一对尾羽特长。雌性上体黑褐色杂以黄白色斑纹，无翼镜。以水生植物和植物种子为食。山东省重点保护野生动物。

针尾鸭

大天鹅

别名：咳声天鹅、黄嘴天鹅

拉丁学名： *Cygnus cygnus*

科名：鸭科 Anatidae

简要特征：冬候鸟。体长 120~160 厘米。嘴黑，嘴基大片黄色延至上喙侧缘成尖，体羽白色，蹼、爪黑色。幼鸟灰褐色。以小家族为单位迁徙，队伍呈"一"字、"人"字或"V"字形。以水生植物、昆虫、蚯蚓等为食。国家二级重点保护野生动物。

大天鹅

鸳　鸯

别名：官鸭、邓木鸟

拉丁学名： *Aix galericulata*

科名：鸭科 Anatidae

简要特征：冬候鸟。体长 38~45 厘米。鸳指雄鸟，鸯指雌鸟，雌雄异色。雄鸟嘴红，脚橙黄，头有艳丽冠羽，眼后有白色宽眉纹，翅有栗黄色扇状直立羽。雌鸟头和整个上体灰褐色，眼周白色，有白色眉纹。以植物、昆虫、软体动物等为食。国家二级重点保护野生动物。

鸳鸯

鹰形目

赤腹鹰

别名： 鹅鹰、鸽子鹰

拉丁学名： *Accipiter soloensis*

科名： 鹰科 Accipitridae

　　简要特征： 留鸟。体长 27~36 厘米。头、背蓝灰色，翅膀、尾羽灰褐色，下体白，胸及两胁略粉色，两胁有浅灰色横纹。以小型动物及昆虫为食。国家二级重点保护野生动物。

赤腹鹰

雀　鹰

拉丁学名： *Accipiter nisus*

科名： 鹰科 Accipitridae

　　简要特征： 旅鸟。体长 30~41 厘米。雌性较雄性略大，灰褐色，有褐色横斑，头后杂有少许白色，下体白色或淡灰白色。雄性上体暗灰色，有细密的红褐色横斑，尾具 4~5 道黑褐色横斑。单独生活。以小型鸟类、啮齿类、蛇以及昆虫为食。国家二级重点保护野生动物。

雀鹰

普通鵟（kuáng）

别名： 鸡母鹞

拉丁学名： *Buteo buteo*

科名： 鹰科 Accipitridae

　　简要特征： 旅鸟。体长 48~59 厘米。上体暗褐色，有深棕色横斑或纵纹。喙灰色，端黑色。脚黄色。多单独活动。以森林鼠类、蛙、蜥蜴、蛇、野兔、小鸟和大型昆虫等为食。国家二级重点保护野生动物。

普通鵟

啄木鸟目

大斑啄木鸟

别名： 叨叨木、花奔得儿木

拉丁学名： *Dendrocopos major*

科名： 啄木鸟科 Picidae

简要特征：留鸟。体长 20~25 厘米。上体主要为黑色，有白斑。飞羽、尾羽有黑白相间横斑。下体污白色，无斑，下腹和尾下覆羽鲜红色。雄鸟枕部红色。以林业害虫为食，被誉为"森林医生"。

大斑啄木鸟

棕腹啄木鸟

拉丁学名： *Dendrocopos hyperythrus*

科名： 啄木鸟科 Picidae

简要特征：留鸟。体长 17~20 厘米。头顶部有红色斑带，贯眼纹及颊白色，背部黑、白横斑相间，翼翅黑色缀有白色点斑，下体淡赭石色。尾羽羽干坚硬，尾下覆羽粉红色。喙硬长，舌细，利于凿木食虫，錾树洞做巢。以昆虫为食。山东省重点保护野生动物。

棕腹啄木鸟

鸮（xiāo）形目

纵纹腹小鸮

别名： 小猫头鹰

拉丁学名： *Athene noctua*

科名： 鸱鸮科 Strigidae

简要特征：留鸟。体长 23 厘米左右。喙黄色，无耳羽，上体沙褐色或灰褐色，布有白斑点，下体棕白色有褐色纵纹，脚灰白色。面似猫脸。以昆虫、鼠类、小鸟、蜥蜴、蛙类等为食。国家二级重点保护野生动物。

纵纹腹小鸮

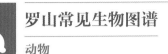

哺乳纲

　　该纲动物多数全身被毛、恒温、胎生、哺乳、脑发达、体内有膈，是脊椎动物中躯体结构、功能行为最为复杂的最高级动物类群。营陆上、地下、水栖和空中飞翔等多种生活方式。营养方式有草食、肉食和杂食三种类型。

食肉目

黄　鼬
别名：黄鼠狼、黄皮子
拉丁学名： *Mustela sibirica*
科名：鼬科 Mustelidae

　　简要特征： 体长28~40厘米。体型瘦长。头骨狭长，顶部较平，眼、鼻周围黑色，其余周身棕黄或橙黄色，尾长。以老鼠、野兔、鸟卵、幼雏、鱼、蛙、昆虫和家禽为食。山东省重点保护野生动物。

黄鼬

猪 獾

拉丁学名：*Arctonyx collaris*

科名：鼬科 Mustelidae

　　简要特征：体长60~70厘米。吻鼻部裸露突出似猪拱嘴。体型粗壮，头、背部有黑色和白色宽纵带。耳、眼小，四肢、尾粗短，指（趾）、爪发达。穴居、杂食性、冬眠。山东省重点保护野生动物。

猪獾

猬形目

普通刺猬

拉丁学名：*Erinaceus amurensis*

科名：猬科 Erinaceidae

　　简要特征：体长15~25厘米。体背和体侧有短而密的刺，土棕色。头、体侧、腹、四肢被毛，灰黄或灰白色。嘴长，耳小。能蜷缩成球。杂食性，以昆虫为主食。偶有冬眠现象。

普通刺猬

兔形目

野　兔

拉丁学名： *Lepus sinensis*

科名： 兔科 Leporidae

　　简要特征： 体长35~43厘米。被淡土黄、浅棕、棕褐色毛，间有白色。耳长，耳尖黑色。上唇分裂。尾上翘。后腿粗长，善跳跃。以野草、树叶、庄稼为食。

野兔

大型真菌

　　大型真菌是指能形成肉眼可见的子实体、子座、菌核或菌体的一类真菌，包括大型子囊菌、大型担子菌和地衣型真菌等类群。罗山保护区内大部分为针阔叶混交林，树龄长，植物多样性丰富，为大型真菌子实体的形成提供了良好的生活环境。

　　通过开展大型真菌调查（为罗山保护区首次），并采用形态学和分子生物学鉴定方法，笔者共鉴定出大型真菌189种。其中，子囊菌门2纲、4目、6科、6属、8种；担子菌门2纲、10目、44科、93属、181种；没有对地衣型真菌进行调查。

　　从保护等级来看，无危种（LC）167种，近危种（NT）3种，数据缺乏种（DD）19种，我国特有种5种。大多数大型真菌是常见的，但是蛹虫草、灵芝、中华网柄牛肝菌等菌种已达到近危的级别。特有种有魏氏集毛菌、极细粉褶蕈、灵芝、褪皮大环柄菇、灰肉红菇。

　　从利用价值看，野生食用菌72种，药用菌67种，食药兼用菌50种，有毒菌32种。野生食用菌中，超短裙竹荪、中华网柄牛肝菌为山东省首次发现；蛹虫草、亚香环乳菇、松乳菇、羊肚菌、点柄乳牛肝菌等是罗山受欢迎的、数量较少的野生食用菌类。野生药用菌有灵芝、大秃马勃、白耙齿菌、多脂鳞伞等。野生有毒菌包括胃肠炎型的晶粒鬼伞、簇生垂暮菇，神经毒素型的赭盖鹅膏菌、灰鹅膏菌，肝肾损害型的肉褐鳞环柄菇等。

子囊菌

子囊菌门（Ascomycota）是真菌界中种类最多的一个门，均营寄生或腐生生活，对人类非常重要的有冬虫夏草、酵母菌、青霉菌，可以食用的有羊肚菌等。之所以叫子囊菌，是因为这一门真菌的孢子是由囊状物包着，子囊里面通常有8个孢子。

蛹虫草

别名：北冬虫夏草、北虫草

拉丁学名： *Cordyceps militaris*（L.）Fr.

所属科属：虫草科 Cordycipitaceae **虫草属** *Cordyceps*

形态特征： 包括虫体（菌核）和草部（子座）两部分。草部橙黄色，大多由虫体头部长出，也有的从虫体节部生出，高3~5厘米，粗0.2~0.3厘米。头部膨大，长1~2厘米，粗0.3~0.5厘米，表面粗糙。虫体为鳞翅目幼虫的茧或蛹。

生态习性： 生长在林地枯枝落叶层。

利用保护： 可药食两用。NT

蛹虫草

奇异清水菌

拉丁学名： *Shimizuomyces paradoxus* Kobayasi

所属科属： **麦角菌科** Clavicipitaceae **清水菌属**
Shimizuomyces

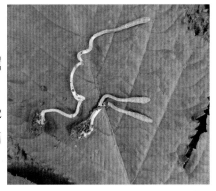
奇异清水菌

　　形态特征： 子座圆柱形，长 3~5 厘米，直径 0.1~0.2
厘米，无分叉，底色为灰白色，单生或 2~3 个长于同
一种子上。

　　生态习性： 生长在球形或近球形植物种子上。

　　利用保护： 在罗山仅发现 1 次，极为稀少。DD

斯氏炭角菌

拉丁学名： *Xylaria schweinitzii* Berk. & M. A.
Curtis

所属科属： **炭角菌科** Xylariaceae **炭角菌属**
Xylaria

斯氏炭角菌

　　形态特征： 子座通常单个，多为圆柱形，顶端圆。
高 1~8 厘米，粗 0.5~1.5 厘米。表面黑褐色，呈细小鳞
片状，有褶皱，内部白色，充实，可见黑色孔口。

　　生态习性： 生于腐木上。

　　利用保护： 长相粗陋，民众远之。LC

羊肚菌

拉丁学名： *Morchella esculenta* (L.) Pers.

所属科属： **羊肚菌科** Morchellaceae **羊肚菌属**
Morchella

羊肚菌

　　形态特征： 形体较小，长 5~6 厘米，粗 2~3 厘米。
菌盖淡黄褐色，呈圆形或椭圆形，表面有不规则凹坑，
好像倒翻的羊肚，故名"羊肚菌"。菌柄白色，有浅纵沟，
粗约为菌盖的二分之一，基部稍膨大。

　　生态习性： 生于阔叶林地及林区路旁，单生或群生。

　　利用保护： 药食兼用。在罗山少见，多生于果园
等生活区林地，民众采食者不多。LC

担子菌

担子菌门（Basidiomycota）通称担子菌，主要特征为具有担子的产孢结构，以及外生的称为担孢子的有性孢子，是真菌中最高等的一门，包括伞菌类、胶质菌类、腹菌类、多孔菌类等。

伞菌

伞菌一般指具有菌盖和菌柄的肉质腐生伞形真菌。典型的子实体包括菌盖、菌柄、位于菌盖下面的菌褶（菌管）、位于菌柄中部或上部的菌环和基部的菌托。

菌盖是最明显的部分，有钟形、斗笠形、半球形、平展形、漏斗形等。表皮颜色包括白、黄、褐、灰、红、绿、紫等，幼小与老熟时的颜色不同。周边有全缘而整齐的，也有呈波浪状而不整齐或撕裂的。菌肉长在表皮下面，多呈白色或污白色，有的呈淡黄色或红色，受伤后颜色常变化。

菌褶位于菌肉下端，有的直接着生在菌柄上，叫直生；有的仅内端的一部分与菌柄相连，另一部分向上弯曲，叫弯生；还有的菌褶内端不着生在菌柄上，而是稍有一点距离，叫离生；菌褶沿着菌柄向下着生的叫延生。

菌柄是菌盖的支撑部分，分为中生、偏生和侧生，有实心、空心之别。

有的在菌盖或者菌柄上有纸质或膜质鳞片。有的菌柄上有菌环，有的菌柄基部有菌托。

球基蘑菇

拉丁学名： *Agaricus abruptibulbus* Peck

所属科属： 伞菌科 Agaricaceae 伞菌属 *Agaricus*

形态特征： 菌盖直径约8厘米，中部有宽的突起，表面光滑，平展，白色或浅黄白色，用手触摸后变黄色，边缘有菌幕残片。肉厚，白色或带微黄色。菌褶离生，紫黑褐色。菌柄圆柱形，稍弯曲，白色，触摸处呈污黄色，光滑，长5~18厘米，粗1~3厘米，中空，中部有单层白色膜质菌环，基部膨大成宽而扁平的球茎。

生态习性： 夏至秋季生于混交林地或林缘草地，群生或散生。

利用保护： 可食用，民众了解得不多，食之者甚少。LC

球基蘑菇

北京蘑菇

拉丁学名： *Agaricus beijingensis* R. L. Zhao, Z. L. Ling & J. L. Zhou

所属科属： 伞菌科 Agaricaceae 伞菌属 *Agaricus*

形态特征： 菌盖直径3~11厘米，厚0.6~1厘米，幼时半球形，成熟后渐平展，中心处有时稍凹，表面干，有放射状鳞片。菌肉白色，顶部靠近菌盖处略带红色。菌褶极密，幼小时为淡粉色、粉红色，成熟后变成棕色至黑棕色。菌柄长4~7厘米，粗0.8~1.2厘米，棍棒状或近圆柱形，近基部略粗，菌柄基部带有假根状菌索。

生态习性： 夏季生于阔叶林中地上。

利用保护： LC

北京蘑菇

假根蘑菇

拉丁学名： *Agaricus radicatus* Schumach.

所属科属： 伞菌科 Agaricaceae 伞菌属 *Agaricus*

形态特征： 菌盖直径 4~9 厘米，污白色，中部有黄褐色或浅褐色的平伏鳞片，向边缘逐渐变少，平展形。菌肉较厚，白色，受伤后呈暗红色。菌褶幼时白色或粉红色，随着生长逐渐变为褐色至黑褐色，离生。菌柄长 5~7 厘米，粗 0.6~1 厘米，白色，中实到中空，上部生单层白色膜质菌环，菌环以下有纤毛形成的白色鳞片，基部膨大，有短小假根。

生态习性： 秋季多于林中地上单生或散生。

利用保护： 食后可引起轻微的腹痛或腹泻。LC

假根蘑菇

双环林地蘑菇

别名： 扁圆盘伞菌、双环菇

拉丁学名： *Agaricus sinoplacomyces* P. Callac & R. L. Zhao

所属科属： 伞菌科 Agaricaceae 伞菌属 *Agaricus*

形态特征： 菌盖直径 3~14 厘米，初期扁半球形，后平展，近白色，中部淡褐色至灰褐色，有纤毛鳞片，边缘有时纵裂或有不明显的纵沟。菌肉白色，较薄。菌褶初期近白色，很快变为粉红色，后呈褐色至黑褐色，稠密，离生，不等长。菌柄长 4~10 厘米，粗 0.5~2 厘米，白色，光滑，内部松软，后变中空，基部稍膨大，中上部有双层白色膜质菌环。

生态习性： 秋季多于村中地上及杨树根部单生、群生或丛生。

利用保护： 有毒。LC

双环林地蘑菇（菌盖及菌柄）

双环林地蘑菇（菌褶及菌柄）

天鹅色环柄菇

拉丁学名: *Leucocoprinus cygneus* (J. E. Lange) Bon

所属科属: **伞菌科** Agaricaceae **白鬼伞属** *Leucocoprinus*

形态特征: 菌盖直径 1~3 厘米,白色,扁半球形至近扁形,有绢丝状鳞片,边缘薄。菌肉薄、白色。菌褶白色,离生,密。菌柄白色,长 3~6 厘米,粗 0.2~0.4 厘米,柱形,空心。菌环小,白色。

生态习性: 夏季多单生或散生于林地上。

利用保护: LC

天鹅色环柄菇

褪皮大环柄菇

拉丁学名: *Macrolepiota detersa* Z.W. Ge, Zhu L. Yang & Vellinga

所属科属: **伞菌科** Agaricaceae **大环柄菇属** *Macrolepiota*

形态特征: 菌盖直径 8~12 厘米,幼时卵圆形至半球形,后平展,白色至污白色,被黄褐色至褐色、易脱落的块状鳞片。菌肉白色,质脆。菌褶离生,较密,白色,不等长。菌柄长 13~15 厘米,直径 0.5~1 厘米,白色,圆柱形,被褐色鳞片。菌环上位,白色,大,膜质。

生态习性: 夏、秋季生于林下、林缘或路边地上。

利用保护: 可食用。DD

褪皮大环柄菇

长根菇

拉丁学名： *Hymenopellis radicata* (Relhan) R. H. Petersen

所属科属： 膨瑚菌科 Physalacriaceae 长根菇属 *Hymenopellis*

　　形态特征： 菌盖直径 2~12 厘米，半球形至渐平展，中部凸起，浅褐色或深褐色，表面光滑，成熟后块状开裂。菌肉白色，稍厚。菌褶白色，弯生，较宽，稍密，不等长。菌柄近柱状，长 5~18 厘米，粗 0.3~1 厘米，浅褐色，有纵条纹，往往扭转，表皮脆骨质，易开裂脱落，实心，基部延长成假根。

　　生态习性： 夏、秋季多在阔叶林地上单生或群生。

　　利用保护： LC

长根菇

黄白小脆柄菇

拉丁学名： *Candolleomyces candolleanus* (Fr.) D. Wächt. & A. Melzer

所属科属： 小脆柄菇科 Psathyrellaceae 黄白小脆柄菇属 *Candolleomyces*

　　形态特征： 菌盖直径 3~7 厘米，初钟形，后伸展呈斗笠状、水浸状。初期浅蜜黄色至褐色，干时污白色，幼时盖缘附有白色菌幕残片，后渐脱落。菌肉白色，薄。菌褶褐紫灰色，直生，较窄，密，不等长。菌柄圆柱形，柄长 3~8 厘米，粗 0.2~0.7 厘米，白色，质脆易断，有纵条纹或纤毛，中空。

　　生态习性： 夏、秋季生于林中、林缘、道旁腐木周围及草地上。

　　利用保护： LC

黄白小脆柄菇

松乳菇

别名： 松树蘑、松菌、嘎吱蘑，罗山当地称为"松板"

拉丁学名： *Lactarius deliciosus* (L.) Gray

所属科属： 红菇科 Russulaceae 乳菇属 *Lactarius*

形态特征： 菌盖光滑，直径 3~12 厘米，中部厚 0.8~2 厘米，新鲜时橙黄色、胡萝卜黄色，受伤后变绿色。幼时半球形，中间下凹，成熟时平展、中凹形。菌褶密，不等长，通常直生，脆质，新鲜时与菌盖表面同色，触后变绿色，干后变为黄褐色。菌肉新鲜时白色或胡萝卜黄色，老后变绿色，乳汁少，干后软木栓质。菌柄长 2.5~6 厘米，粗 0.6~2 厘米，圆柱形，纤维质，与菌盖同色，伤后变绿色。

生态习性： 夏、秋季单生、散生于针叶林或针阔叶混交林中地上。

利用保护： 含有丰富的氨基酸及矿物质，为当地珍稀食用菌。LC

松乳菇

香亚环乳菇

拉丁学名： *Lactarius subzonarius* Hongo

所属科属： 红菇科 Russulaceae 乳菇属 *Lactarius*

形态特征： 菌盖直径 2~4 厘米，初期近扁平，中部下凹，呈脐状，后渐呈漏斗状，表面平滑，不黏，淡褐红色，有明显的肉桂褐色同心环纹或环带。菌肉较厚，浅褐色，干后具芳香气味，乳汁白色，不变色。菌褶延生，密，不等长，有时分叉，浅肉色至淡褐红色，受伤处稍变褐色。菌柄近圆柱形，或有时稍扁，长 2.5~3.5 厘米，粗 0.5~1 厘米，表面有皱纹和白色粉末，基部褐色有白细毛，内部空心。

生态习性： 夏、秋季多在针阔叶混交林散生、群生或近丛生。

利用保护： 具浓郁芳香气味，可食用。LC

香亚环乳菇

窝柄黄乳菇

拉丁学名： *Lactarius scrobiculatus* (Scop.) Fr.

所属科属： 红菇科 Russulaceae 乳菇属 *Lactarius*

形态特征： 菌盖直径 5~19 厘米，半球形，渐扁平，后呈漏斗形；盖面湿时黏，暗土黄色，有暗色同心环纹，有毛状鳞片。菌肉白，伤后变为硫黄色。乳汁丰富，白色，流出后很快变为硫黄色。菌褶延生，密，初时白色或浅黄色，伤或老后变暗。菌柄长 3~4 厘米，粗 1~3 厘米，湿时黏，等粗，与盖面同色或稍浅。

生活习性： 多生于林中草地上。

利用保护： LC

窝柄黄乳菇

簇生垂暮菇

拉丁学名： *Hypholoma fasciculare* (Huds.) P. Kumm.

所属科属： 球盖菇科 Strophariaceae 韧伞属 *Hypholoma*

形态特征： 菌盖直径 0.3~4 厘米，初期半球形，开伞后平展，硫黄色至橙褐色，中部锈褐色至红褐色。菌肉浅黄色，薄，苦。菌褶密，直生至弯生，不等长，青褐色。菌柄长 1~5 厘米，直径 0.1~0.4 厘米，黄色，下部褐黄色，覆纤毛，内部实心至松软。

生态习性： 夏、秋季簇生或丛生于针阔叶混交林腐木上。

利用保护： 有毒，胃肠炎型。LC

簇生垂暮菇

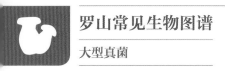
烟色红菇

别名： 稀褶黑菇、大黑菇

拉丁学名： *Russula adusta* (Pers.) Fr.

所属科属： 红菇科 Russulaceae 红菇属 *Russula*

　　形态特征： 菌盖直径 5~10 厘米，初期内卷，中部下凹呈脐形，后期外翻呈漏斗形，光滑，污白色、灰色至暗褐色。菌肉厚，白色，伤后变红色至黑褐色。菌褶直生或延生，分叉，不等长，窄，近白色，伤后变红褐色，老后黑褐色。菌柄长 2~4 厘米，粗 1~2 厘米，白色，伤后初期变红色，后变为黑褐色，实心。

　　生态习性： 夏、秋季单生或散生于针叶林、阔叶林或针阔叶混交林中地上。

　　利用保护： LC

烟色红菇

蜡味红菇

拉丁学名： *Russula cerolens* Shaffer

所属科属： 红菇科 Russulaceae 红菇属 *Russula*

　　形态特征： 菌盖直径 3~9 厘米，中间凹陷呈脐形，中间灰棕色至黄棕色，边缘淡灰白色，从中心向外有放射状条纹，干后具有蜡味或樟脑球味。菌肉白色。菌褶近柄处常分叉。菌柄 5~10 厘米，粗 0.5~2 厘米，光滑呈柱状。

　　生态习性： 生于针叶林、阔叶林及针阔叶混交林枯叶地面。

　　利用保护： DD

蜡味红菇

蓝黄红菇

拉丁学名： *Russula cyanoxantha*（Schaeff.）Fr.

所属科属： 红菇科 Russulaceae 红菇属 *Russula*

形态特征： 菌盖直径 5~12 厘米，扁半球形，伸展后下凹，暗紫灰色、紫褐色或紫灰绿色，老后常呈淡青褐色、绿灰色，表皮有时开裂，边缘平滑，或具不明显条纹。菌肉白色。菌褶白色，较密，不等长，近直生，褶间有横脉，老后可有锈色斑点。菌柄长 4~9 厘米，粗 1~3 厘米，肉质，白色，圆柱形，内部松软。

生态习性： 夏、秋季多散生或群生于阔叶林中地上。

利用保护： 可药食两用。LC

蓝黄红菇

紫柄红菇

别名： 微紫柄红菇

拉丁学名： *Russula violeipes* Quél.

所属科属： 红菇科 Russulaceae 红菇属 *Russula*

形态特征： 菌盖直径 4~8 厘米，半球形或扁平至平展，中部下凹，灰黄色、橄榄色或部分红色至紫红色，边缘平整或开裂。菌肉白色、较厚。菌褶离生，稍密，等长，浅黄色。菌柄长 4~10 厘米，粗 1~3 厘米，污黄或紫红色，基部往往变细。

生态习性： 夏、秋季多生于针阔叶混交林中地上。

利用保护： 可食用。LC

紫柄红菇

灰肉红菇

拉丁学名： *Russula griseocarnosa* X. H. Wang, Zhu L. Yang & Knudsen

所属科属：红菇科 Russulaceae **红菇属** *Russula*

　　形态特征： 菌盖直径 8~15 厘米，初为扁半球形，后平展，中央浅凹，呈红、胭脂红、大红等色，表面潮湿或遇水时黏。菌肉厚、致密、灰色。菌褶等长，与菌柄成直生，新鲜时纯白色或边缘淡红色，伤后变灰色，干时灰色。菌柄近圆柱形，中生，长 4~10 厘米，直径 1~3 厘米，白色，常在基部或一侧带粉红色，幼时中实，老后松软。

　　生态习性： 多散生于阔叶林中地上。

　　利用保护： DD

灰肉红菇

瘦藓菇

拉丁学名： *Rickenella fibula* (Bull.) Raithelh.

所属科属：瘦脐菇科 Rickenellaceae **瘦脐菇属** *Rickenella*

　　形态特征： 菌盖直径 0.3~1 厘米，浅半球形，中央脐状，黏、薄、脆，淡黄色或黄色至橙黄色，中央颜色较深，橙黄色至橙红色。表面具网纹，干燥时不易观察。菌肉白色，脆。菌褶延生，疏，不等长，边缘整齐，白色至乳黄色。菌柄长 1~5 厘米，粗 0.1~0.2 厘米，细长圆柱形，上下等粗，乳黄色至浅橙色，被有细绒毛。

　　生态习性： 夏、秋季多单生或散生于倒木上或苔藓层中。

　　利用保护： LC

瘦藓菇

星孢寄生菇

别名：蕈寄生

拉丁学名： *Asterophora lycoperdoides* (Bull.) Ditmar: Fr.

所属科属： 离褶伞科 Lyophyllaceae 星形菌属 *Asterophora*

形态特征： 菌盖直径 0.5~3 厘米，近球形至半球形，白色，表面有土黄色的厚垣孢子，似覆盖一层粉末。菌肉白色至灰白色，厚。菌褶稀疏，白色，分叉，直生。菌柄白色，柱形，长 1~4 厘米，粗 0.2~0.5 厘米，内实，基部有白绒毛。

生态习性： 夏、秋季多寄生于稀褶黑菇、密褶黑菇等菌种的菌盖、菌褶、菌柄部。

利用保护： 产生的厚垣孢子多用于教学研究。LC

星孢寄生菇

沟纹小菇

拉丁学名： *Mycena abramsii* (Murrill) Murrill

所属科属： 小菇科 Mycenaceae 小菇属 *Mycena*

形态特征： 菌盖直径 1~3 厘米，初半球形，后斗笠形或钟形，中部凸起，灰褐或浅灰粉色，表面平滑或有小鳞片，边缘有明显沟条纹。菌肉薄，灰白色。菌褶灰白，较稀，稍宽，不等长。菌柄纤细，长 3~6 厘米，粗 0.1~0.2 厘米，上白下灰，光滑。

生态习性： 秋季多于针阔叶混交林地上群生。

利用保护： LC

沟纹小菇

近可可色小脆柄菇

拉丁学名： *Psathyrella subcacao* (T. Bau & J. Q. Yan) Voto

所属科属：脆柄菇科 Psathyrellaceae

小脆柄菇属 *Psathyrella*

　　形态特征： 菌盖直径 1~3 厘米，幼时半球形，后平展，新鲜时水浸状，近可可色，有半透明条纹。菌肉薄，污白色，易碎。菌褶淡褐色至深褐色，宽，直生至稍弯生。菌柄脆，长 4~5 厘米，粗约 0.2 厘米，白色，中空，光滑，基部具白色纤毛状菌丝。

　　生态习性： 夏、秋多生于栎类腐木上。

　　利用保护： DD

近可可色小脆柄菇

泪褶毡毛脆柄菇

拉丁学名： *Lacrymaria lacrymabunda* (Bull.) Pat.

所属科属：小脆柄菇科 Psathyrellaceae **毡毛脆柄菇属** *Lacrymaria*

　　形态特征： 菌盖直径 3~6 厘米，暗黄色、土褐色，中部浅朽叶色至黄褐色，初期钟形，后平展呈斗笠形，顶部有密短毛，边缘有灰褐色长毛，初期常挂有白色菌幕残片。菌肉近白色，薄，质脆。菌褶污黄色、浅灰褐色至灰黑色，边缘色较浅，直生至离生，密，窄，不等长。菌柄圆柱形，长 3~9 厘米，粗 0.3~0.7 厘米，颜色与菌盖相似，有毛状鳞片，上部色较浅，质脆，中空，基部有时稍膨大。

　　生态习性： 春、夏季分散生长在林地、草地上。

　　利用保护： LC

泪褶毡毛脆柄菇

中华网柄牛肝菌

拉丁学名： *Retiboletus sinensis* N. K. Zeng & Zhu L. Yang

所属科属： 牛肝菌科 Boletaceae 网柄牛肝菌属 *Retiboletus*

形态特征： 菌盖直径 5~10 厘米，近半球形，有时平展，边缘下弯，橄榄褐色、黄褐色。菌肉厚，黄色，伤后为黄褐色。菌孔单孔，不规则圆形，伤后变色。菌柄中生，近圆柱形，实心，黄色至黄褐色，被粗网纹。

生态习性： 夏、秋季多于松树、栎树等林下空地单生或群生。

利用保护： 可食用。NT

中华网柄牛肝菌

点柄乳牛肝菌

别名： 点柄黏盖牛肝菌、栗壳牛肝菌，罗山本地称"松窝"

拉丁学名： *Suillus granulatus* (L.) Roussel

所属科属： 乳牛肝菌科 Suillaceae 乳牛肝菌属 *Suillus*

形态特征： 菌盖直径 5~10 厘米，扁半球形或近扁平，淡黄色或黄褐色，干后有光泽。菌肉淡黄色。菌管角形，直生或稍延生。菌柄长 3~10 厘米，粗 0.5~1.5 厘米，淡黄褐色，顶端偶有约 1 厘米长的网纹，部分或全部有暗色腺体和腺点。

生态习性： 夏、秋季多于松林及针阔叶混交林地上散生、群生或丛生。

利用保护： 可食用。LC

点柄乳牛肝菌

黏盖乳牛肝菌

拉丁学名： *Suillus bovinus* (Pers.) Roussel

所属科属： 乳牛肝菌科 Suillaceae 乳牛肝菌属 *Suillus*

　　形态特征： 菌盖直径 3~9 厘米，平展，胶黏，肉色、浅黄色至黄褐色，色亮。干后呈肉桂色，有光泽。菌肉淡黄色，厚。菌管延生，不易与菌肉分离，淡黄褐色。菌柄长 3~8 厘米，直径 0.6~1.5 厘米，圆柱形，光滑，基部有白色棉絮状菌丝体。

　　生态习性： 夏、秋季多丛生或群生于针叶林中地上。

　　利用保护： 可食用。LC

黏盖乳牛肝菌

血红园圃牛肝菌

别名： 朱红花园牛肝菌

拉丁学名： *Hortiboletus rubellus* (Krombh.) Simonini, Vizzini & Gelardi

所属科属： 牛肝菌科 Boletaceae 园圃牛肝菌属 *Hortiboletus*

　　形态特征： 菌盖宽 5~10 厘米，初半球形，砖红色、褐红色，有短绒毛，杂有红黄晕斑，黏滑，后期扁球形，平滑，不黏，盖缘微延长而下卷或不下卷。菌肉厚，黄色，伤后变蓝，较坚脆。菌孔单孔型，孔口金黄色、柠檬黄色，伤后孔口由黄色转为红色、污蓝色。菌柄粗棒状，长 6~10 厘米，直径 1~2 厘米，黄色，上部带红色条纹。

　　生态习性： 夏、秋季多散生至丛生于阔叶林中地上。

　　利用保护： LC

血红园圃牛肝菌

红绒盖牛肝菌

别名：红牛肝菌

拉丁学名： *Xerocomus chrysenteron* (Bull. : Fr.) Quél.

所属科属：牛肝菌科 Boletaceae **绒盖牛肝菌属** *Xerocomus*

形态特征： 菌盖直径 3~9 厘米，半球形，有时中部下凹，暗红色或红褐色，后呈污褐色或土黄色，干燥，被绒毛，常有细小龟裂。菌肉黄白色，伤后变蓝色，直生或在柄周围凹陷。柄长 2~5 厘米，粗 0.8~1.5 厘米，圆柱形，上下略等粗或基部稍粗，上部带黄色，其他部分有红色小点或近条纹，内实。

生态习性： 夏、秋季多于林中地上散生或群生。

利用保护： DD

红绒盖牛肝菌

苦粉孢牛肝菌

别名：老苦菌、闹马肝

拉丁学名： *Tylopilus felleus* (Bull.) P. Karst.

所属科属：牛肝菌科 Boletaceae **粉孢牛肝菌属** *Tylopilas*

形态特征： 菌盖直径 3~15 厘米，扁半球形，后平展，豆沙色或灰紫褐色，幼时具绒毛，老后近光滑。菌肉白色，伤变不明显，味很苦。菌管层近凹生。管口之间不易分离。菌柄长 3~10 厘米，粗 1.5~2 厘米，较粗壮，基部略膨大，上部色浅，下部深褐色，有明显或不很明显的网纹，内部实心。

生态习性： 夏、秋季在针叶林或针阔叶混交林中地上单个或成群生长。

利用保护： 味苦，有毒。LC

苦粉孢牛肝菌

混淆松塔牛肝菌

拉丁学名： *Strobilomyces confusus* Singer

所属科属： 牛肝菌科 Boletaceae 松塔牛肝属 *Strobilomyces*

　　形态特征： 菌盖宽 3~10 厘米，扁半球形，后平展，茶褐色至黑色，具小块贴生鳞片，中部的鳞片较密，直立而较尖。菌肉白色，受伤后变红色。菌管长 0.4~1.8 厘米，灰白色至灰色变为浅黑色，直生至稍延生，在柄四周稍凹陷，管口多角形。菌柄长 4~8 厘米，粗 1~2 厘米，实心，白色，受伤时变红色，后变黑灰色，在菌环以上具网纹。菌幕薄，脱落后呈片状残留于盖边缘。

　　生态习性： 夏、秋季生于林中地上。

　　利用保护： LC

混淆松塔牛肝菌

紫色丝膜菌

拉丁学名： *Cortinarius purpurascens* Fr.

所属科属： 丝膜菌科 Cortinariaceae 丝膜菌属 *Cortinarius*

　　形态特征： 菌盖直径 5~8 厘米，扁半球形，后渐平展，光滑，黏，紫褐色或橄榄褐色，边缘色较淡，有丝膜。菌肉紫色。菌褶弯生，稍密，土黄色至锈褐色。菌柄圆柱形，长 5~9 厘米，粗 1~2 厘米，实心。

　　生态习性： 秋季多生于针阔叶混交林中地上。

　　利用保护： 可食用。LC

紫色丝膜菌

盾形粉褶菌

别名： 梨花菇

拉丁学名： *Entoloma clypeatum* (L.) P. Kumm.

所属科属： 粉褶菌科 Entolomataceae 粉褶菌属 *Entolom*

　　形态特征： 菌盖直径 3~12 厘米，幼时锥球形，后平展，中部脐突，边缘弯曲，有时呈波状，表面轻微水浸状，丝光，新鲜时深棕色，干后米棕色至灰棕色。菌肉白色，薄。菌褶幼时白色，后粉色至粉棕色，宽，锯齿状。菌柄长 4~8 厘米，粗 0.5~2 厘米，圆柱状，基部膨大，实心。

　　生态习性： 多生于杏、山楂、海棠、梨和李等蔷薇科果树下。

　　利用保护： DD

盾形粉褶菌

高卢蜜环菌

拉丁学名： *Armillaria gallica* Marxm. & Romagn.

所属科属： 膨瑚菌科 Physalacriaceae 蜜环菌属 *Armillaria*

　　形态特征： 菌盖直径 2~9 厘米，初锥形，后凸形至平顶，棕黄色至棕色，中心颜色较深，表面覆盖有细纤毛，幼时有絮状组织从菌盖边缘伸展至菌柄上。菌褶联生，初为白色，渐变为奶油色或浅橙色。菌柄长 4~10 厘米，直径 1~3 厘米，上部着生菌环，浅橙色至棕色。

　　生态习性： 多生于林中地上或树桩上。

　　保护利用： 可药食两用。LC

高卢蜜环菌

宽褶大金钱菌

拉丁学名： *Megacollybia platyphylla* (Pers.) Kotl. & Pouzar

所属科属：腹菌科 Hymenogastraceae **大金钱菌属** *Megacollybia*

形态特征： 菌盖直径 4~5 厘米，平展形，灰白色，边缘波浪形。菌肉白色，质脆。菌褶疏、宽，离生，白色。菌柄长 5~6 厘米，粗 0.5~1 厘米，圆柱形，表面有棱纹。

生态习性： 夏末多着生于栎类等腐烂的树桩树根。

利用保护： LC

宽褶大金钱菌

裂褶菌

别名：白参（云南）、树花（陕西）

拉丁学名： *Schizophyllum commune* Fr.

所属科属：裂褶菌科 Schizophyllaceae **裂褶菌属** *Schizophyllum*

形态特征： 菌盖直径 0.5~4 厘米，白色至灰白色，被有绒毛或粗毛，扇形或肾形，具多数裂瓣。菌肉薄，白色。菌褶窄，从基部辐射而出，白色或灰白色，有时淡紫色，沿边缘纵裂而反卷。菌柄短或无菌柄。

生态习性： 春、夏、秋季多生于阔叶树及针叶树的枯枝及腐木上。

利用保护： 可食用。LC

裂褶菌

赭盖鹅膏菌

别名：赭盖伞

拉丁学名： *Amanita rubescens* Pers.

所属科属： 鹅膏科 Amanitaceae 鹅膏属 *Amanita*

形态特征： 菌盖直径 3~8 厘米，扁半球形至平展，浅土黄色或浅红褐色，有块状和近疣状鳞片，边缘有不明显的条纹。菌肉白色，后变红褐色。菌褶白色至近白色，渐变红褐色，离生，稍密，不等长。菌柄圆柱形，长 6~12 厘米，粗 0.5~1 厘米，披纤毛状鳞片，中空，上部有花纹，着生膜质菌环，根部有灰褐色絮状鳞片组成的菌托。

生态习性： 夏、秋季多单生或散生于林中地上。

利用保护： 有毒。LC

赭盖鹅膏菌

灰鹅膏菌

别名：灰托柄菇、灰托鹅膏、松柏菌

拉丁学名： *Amanita vaginata* (Bull.) Lam.

所属科属： 鹅膏科 Amanitaceae 鹅膏属 *Amanita*

形态特征： 菌盖直径 3~14 厘米，瓦灰色或灰褐色，初期近卵圆形，中部凸起，开伞后近平展，边缘有明显的长条棱，湿润时黏，表面有时附着菌托残片。菌肉白色。菌褶白色至污白色，离生，稍密，不等长。菌柄长 7~17 厘米，粗 0.5~2 厘米，圆柱形，向下渐粗，污白或带灰色。菌托呈袋状或苞状。

生态习性： 春、夏、秋季多在针叶、阔叶或针阔叶混交林中地上单生或散生。

利用保护： 有毒。LC

灰鹅膏菌

红蜡蘑

别名：红皮条菌（四川）、假陡斗菌、漆亮杯伞、一窝蜂

拉丁学名：*Laccaria laccata* (Scop.) Cooke

所属科属：**轴腹菌科** Hydnangiaceae **蜡蘑属** *Laccaria*

形态特征：菌盖直径 1~5 厘米，薄，近扁半球形，后渐平展，中央下凹成脐状，肉红色至淡红褐色，湿润时水浸状，干燥时呈蛋壳色，边缘波状或瓣状并有粗条纹。菌肉粉褐色，薄。菌褶同菌盖色，直生或近延生，稀疏，宽，不等长。菌柄长 3~8 厘米，粗 0.2~0.8 厘米，同菌盖色，圆柱形或稍扁圆，下部常弯曲，纤维质，韧，内部松软。

生态习性：秋季在林中地上或腐枝层上散生或群生，有时近丛生。

利用保护：西南地区民众喜食。LC

红蜡蘑

变色丽蘑

拉丁学名：*Calocybe decolorata* X. D. Yu & Jia J. Li

所属科属：**离褶伞科** Lyophyllaceae **丽蘑属** *Calocybe*

形态特征：菌盖直径约 4 厘米，成熟时呈漏斗形，边缘黄色，中央暗黄棕色，表面水渍状。菌肉薄，嫩黄色。菌褶窄，密，延生，脆，污黄色。菌柄蛋黄色，圆柱形，表面光滑，直径 0.4 厘米，长 4 厘米。

生态习性：夏、秋季多生于林中空地。

利用保护：DD

变色丽蘑

橙褐白环蘑

拉丁学名： *Leucoagaricus tangerinus* Y . Yuan & J. F. Liang

所属科属： 伞菌科 Agaricaceae 白环蘑属 *Leucoagaricus*

形态特征： 菌盖直径 2~5 厘米，幼时近钟形，后平展或平凸，表面密被近黄色纤维状毛鳞，中央至周围颜色渐淡，边缘成熟后稍有开裂，有白色残幕。菌肉白色，薄且质脆。菌褶离生，白色至污白色，中密。菌柄长 6~7 厘米，粗 0.3~0.4 厘米，圆柱状且基部稍膨大，中空，中下部常有无色液滴。菌环较小，生于菌柄中上部，膜质，白色，易脱落。

生态习性： 夏、秋季多生于林中草地上。

利用保护： DD

橙褐白环蘑

多脂鳞伞

别名： 黄伞、黄柳菇、柳蘑

拉丁学名： *Pholiota adiposa* (Batsch) P. Kumm.

所属科属： 球盖菇科 Strophariaceae 鳞伞属 *Pholiota*

形态特征： 菌盖直径 5~12 厘米，初期半球形，边缘常内卷，后渐平展，表面有黏液，色泽金黄色至黄褐色，有褐色近似平状的鳞片，中央较密。菌肉白色或淡黄色。菌褶密集，浅黄色至锈褐色，直生或近弯生。菌柄圆柱形，长 5~10 厘米，粗 1~3 厘米，纤维质，有白色或褐色反卷的鳞片。菌环生于菌柄上部，淡黄色，毛状，膜质，易脱落。

生态习性： 多生于树干或枯腐树桩基部。

利用保护： 食药兼用，具较高经济价值。LC

多脂鳞伞

白漏斗辛格杯伞

拉丁学名： *Singerocybe alboinfundibuliformis* (Seok, Yang S. Kim, K.M. Park, W. G. Kim, K. H. Yoo & I. C. Park) Zhu L. Yang, J. Qin & Har. Takah.

所属科属：腹菌科 Hymenogastraceae **辛格杯伞属** *Singerocybe*

形态特征： 菌盖直径5~10厘米，中部下凹至漏斗状，浅黄褐色，幼时有丝状柔毛，后变光滑，边缘平滑波状。菌肉薄，白色。菌褶白色，疏，薄，延生，不等长。菌柄圆柱形，光滑，长4~7厘米，粗0.5~1厘米，与菌盖色相似，内部松软，基部膨大，有白色绒毛。

生态习性： 夏、秋季多生于针叶林或针阔叶混交林中地上。

利用保护： DD

白漏斗辛格杯伞

卷毛蘑菇

别名：鳞柄伞

拉丁学名： *Agaricus flocculosipes* R. L. Zhao, Desjardin, Guinb. & K. D. Hyde

所属科属：伞菌科 Agaricaceae **伞菌属** *Agaricus*

形态特征： 菌盖直径5~16厘米，圆弧形至宽圆锥形，后渐平展，表面干燥，棕色，被有细小的纤维状鳞片。菌肉白色。菌褶离生，密，初白色，后深棕色。菌柄长14厘米左右，粗0.4~0.8厘米，长圆柱形，基部球状，有明显竖立絮状、锥状丛毛或直立的鳞片。菌环膜质，大型，单菌环。

生态习性： 夏、秋季多生于森林草地上。

利用保护： 可食用。LC

卷毛蘑菇

多色杯伞

拉丁学名： *Clitocybe subditopoda* Peck

所属科属：腹菌科 Hymenogastraceae **杯伞属** *Clitocybe*

　　形态特征： 菌盖直径 1.5~4 厘米，漏斗形，中央凹陷处深如杯状，表面光滑，浅灰色。菌肉灰白色，肉质薄而松软。菌褶延生，灰白色，密，不等长。菌柄中生，圆柱形，长 2~4 厘米，粗 0.5~0.8 厘米，近白色或略带褐色，光滑，纤维质，实心。

　　生态习性： 秋季多群生或散生于林中地上。

　　利用保护： DD

多色杯伞

球孢青褶伞

拉丁学名： *Chlorophyllum sphaerosporum* Z. W. Ge & Zhu L. Yang

所属科属：伞菌科 Agaricaceae **绿蘑菇属** *Chlorophyllum*

　　形态特征： 菌盖直径 2~5 厘米，斗笠形，中间凸出，白色至污白色，附棕色至红棕色丛毛状小鳞片，老后脱落，边缘有微弱的短条纹。菌褶密，白色至奶油色，离生，不等长。菌肉白色，稍厚。菌柄长 2~5 厘米，粗 0.2~0.3 厘米，圆柱形，基部膨大，白色，受伤不变色。菌环着生在菌柄中上部。

　　生活习性： 夏季多生于林中草地上。

球孢青褶伞

　　利用保护： DD

毛头鬼伞

拉丁学名： *Coprinus comatus* (O. F. Müll.) Pers.

所属科属： 伞菌科 Agaricaceae 鬼伞属 *Coprinus*

形态特征： 菌盖直径3~6厘米，圆筒形至钟形，不完全展开，土黄色，披裂成羽毛状鳞片。菌肉、菌褶白色，开伞后菌肉与菌褶自溶成墨汁状液体。菌柄长5~20厘米，粗1~4厘米，白色，光滑，向下渐粗，呈鸡腿状。菌环白色，膜质。

生态习性： 春、夏、秋季生于阔叶林中的草地、田野、林缘、道旁、茅草屋顶等。

利用保护： 可药食两用。LC

毛头鬼伞

辐毛小鬼伞

别名： 假晶粒鬼伞

拉丁学名： *Coprinellus radians* (Desm.) Vilgalys, Hopple & Jacq. Johnson

所属科属： 小脆柄菇科 Psathyrellaceae 鬼伞属 *Coprinellus*

形态特征： 菌盖直径3~4厘米，初期卵圆形，后呈钟形至展开，中心至边缘由橘红色渐变为白色，有小颗粒，盖缘有条纹。菌肉薄，白色。菌褶白色，密，成熟后自溶成黑色。菌柄长2~5厘米，粗0.2~0.45厘米，圆柱状，白色，表面光滑，中生，中空，表面在初期常有白色细粉末。

生活习性： 夏季多生于树桩及倒腐木上。

保护利用： 可药用。LC

辐毛小鬼伞

晶粒小鬼伞

别名：晶鬼伞、狗尿苔

拉丁学名： *Coprinellus micaceus* (Bull.) Vilgalys, Hopple & Jacq. Johnson

所属科属： 小脆柄菇科 Psathyrellaceae 鬼伞属 *Coprinellus*

形态特征： 菌盖直径 2~4 厘米，初期卵圆形，后钟形、半球形或斗笠形，污黄色至黄褐色。表面有白色颗粒状晶体，中部红褐色，边缘有显著的条纹或棱纹，后期可平展而反卷，有时瓣裂。菌肉白色，薄。菌褶初期黄白色，后变黑色，与菌盖同时自溶为墨汁状，离生，密，窄，不等长。菌柄长 2~11 厘米，粗 0.3~0.5 厘米，白色，具丝光，较韧，中空，圆柱形。

生态习性： 春、夏、秋季多丛生于阔叶林树根部。

利用保护： 可药用。LC

晶粒小鬼伞

干小皮伞

拉丁学名： *Marasmius siccus* (Schwein.) Fr.

所属科属： 小皮伞科 Marasmiaceae
小皮伞属 *Marasmius*

形态特征： 菌盖直径 1~1.5 厘米，初钟形，后半球形，橘红色，革质，光滑。菌肉薄，污白色。菌褶稍宽，稀，白色至乳白色，直生。菌柄纤细，长 3~8 厘米，粗 0.1~0.5 厘米，与盖同色，实心。

生态习性： 夏、秋季多生于阔叶林落叶层上，单生至群生。

利用保护： LC

干小皮伞

胶质菌

　　胶质菌类的子实体多呈耳状或叶状，有的呈脑状，质地上多为胶质，如木耳、毛木耳、银耳、金耳等。其繁殖体担孢子都着生于子实体的表层内，生于耳片一侧或两侧。

黑木耳

拉丁学名： *Auricularia heimuer* F. Wu, B. K. Cui & Y. C. Dai

所属科属： **木耳科** Auriculariaceae **木耳属** *Auricularia*

　　形态特征： 子实体杯状或耳状，直径 4~6 厘米，厚 0.1~0.3 厘米，光滑，全缘或浅裂。新鲜时胶质，不透明，红棕色，干后棕灰色。

　　生态习性： 春、夏、秋季多生于阔叶树倒木或腐木上。

　　利用保护： 可食用。LC

黑木耳

毛木耳

拉丁学名： *Auricularia nigricans* (Sw.) Birkebak, Looney & Sánchez-García

所属科属： 木耳科 Auriculariaceae **木耳属** *Auricularia*

形态特征： 子实体胶质或软骨质，柔韧，初如杯状，后呈耳壳状至叶状，周边直伸或稍内屈呈波状，直径 2~16 厘米。子实层面光滑，深赤褐色，干后硬而韧，淡紫褐色至紫黑色。不孕面密生淡褐色至黄褐色绒毛。

生态习性： 春、夏、秋季多群生于阔叶腐木上。

利用保护： 可药食两用。LC

毛木耳

桂花耳

别名： 匙盖假花耳

拉丁学名： *Dacryopinax spathularia* (Schwein.) G. W. Martin

所属科属： 花耳科 Dacrymycetaceae **花耳属** *Dacryopinax*

形态特征： 子实体呈棒状，高 0.5~2 厘米，直径 0.4~0.6 厘米，顶端膨大 0.5~0.7 厘米，色如丹桂，橙红色至橙黄色。全身披有细绒毛。

生态习性： 春、夏、秋季群生或丛生于针叶树倒腐木或木桩上。

利用保护： 可食用。LC

桂花耳

腹菌

通常认为腹菌是真菌中最高等的类群，担子果发达，有柄或无柄，被果型，担子形成在完全闭合的担子果内。担孢子不能弹射，成熟后从担子果的孔口或破裂的担子果内散出。

长刺马勃

拉丁学名： *Lycoperdon echinatum* Pers.

所属科属： 马勃科 Lycoperdaceae 马勃属 *Lycoperdon*

形态特征： 子实体球形，直径 3~5 厘米，表面覆盖密集的长刺（0.4~0.6 厘米）。初为白色，成熟后变深棕色，长刺脱落，留下网状图案，变扁。基部小，通过根状菌索连接地面。

生态习性： 夏、秋季多生于落叶林空地。

利用保护： 可药用。LC

长刺马勃

长根马勃

拉丁学名： *Lycoperdon radicatum* Durieu & Mont.

所属科属： 马勃科 Lycoperdaceae 马勃属 *Lycoperdon*

形态特征： 子实体直径 7~8 厘米，球形或扁球形，有粗壮的假根。外包被初白色，后呈褐色，粉状，易脱落。内包被淡褐色至浅茶褐色，薄，膜质，具光泽，由顶端开口。孢体浅青褐色。

生态习性： 夏、秋季多生于林内或旷野草地上。

利用保护： 可药用。LC

长根马勃

彩色豆马勃

拉丁学名： *Pisolithus arhizus* (Scop.) Rauschert

所属科属： **硬皮马勃科** Sclerodermataceae **豆马勃属** *Pisolithus*

　　形态特征： 子实体球形至扁球形，宽 2~10 厘米，黄褐色至暗褐色，外包被薄膜粗糙，有块状鳞片。内部产孢组织聚成 0.1~0.5 厘米状如豆粒的小包，内含孢子，藏在黑褐色褶质中，成熟时从顶端往下小包壁渐破裂。基部缩小成柄状，有菌索与地面相连。

　　生态习性： 夏、秋季多生于草地上。

　　利用保护： 可药用。DD

彩色豆马勃

网纹马勃

别名： **网纹灰包**

拉丁学名： *Lycoperdon perlatum* Pers.

所属科属： **马勃科** Lycoperdaceae **马勃属** *Lycoperdon*

　　形态特征： 子实体倒卵形至陀螺形，高 3~8 厘米，宽 2~6 厘米，初期近白色，后变灰黄色至黄色，不孕基部发达或伸长如柄。外包被由无数小疣组成，有较大易脱的刺，刺脱落后显出淡色而光滑的斑点。孢体青黄色，后变为褐色，有时稍带紫色。

　　生态习性： 夏、秋季多群生于林中地上或腐木上。

　　利用保护： 幼时可食，成熟后可药用。LC

网纹马勃

头状秃马勃

别名：马屁包、头状马勃

拉丁学名：Calvatia craniiformis (Schwein.) Fr. ex De Toni

所属科属：马勃科 Lycoperdaceae 秃马勃属 Calvati

形态特征：子实体陀螺形，高 4.5~7.5厘米，宽 3.5~6 厘米。包被两层，紧贴在一起，薄质，淡茶色至酱色，初期具微细毛，逐渐光滑，成熟后上部开裂并成片脱落，孢体黄褐色。

生态习性：夏、秋季多于林中地上单生至散生。

利用保护：鲜时可食，成熟后可药用。DD

头状秃马勃

大秃马勃

别名：大马勃、马勃、马屁包

拉丁学名：Calvatia gigantea (Batsch) Lloyd

所属科属：马勃科 Lycoperdaceae 秃马勃属 Calvati

形态特征：子实体陀螺形或近球形，直径 15~36 厘米或更大，无不孕基部或很小，由粗菌索与地面相连。包被白色，后变污白色，由膜状外包被和较厚的内包被所组成，初期微具绒毛，渐变光滑，脆，成熟后开裂成块脱落。孢体浅青或褐色。

生态习性：夏、秋季多单生至群生于草地上。

利用保护：幼时可食用，成熟后可药用。LC

大秃马勃

紫色秃马勃

别名： 杯状秃马勃、紫色马勃、有柄马勃

拉丁学名： *Calvatia lilacina* (Mont. & Berk.) Henn.

所属科属： 马勃科 Lycoperdaceae 秃马勃属 *Calvatia*

形态特征： 子实体陀螺形，直径 5~12 厘米，不孕基部发达，以根状菌索固定在地上。包被两层，外包被薄而平滑或有皱纹，初白色有褐色花纹，后污紫色，成熟后上部往往成片破裂，逐渐脱落；内包被薄而脆，易开裂，露出内部紫褐色孢体。

生态习性： 夏、秋季多生于草地或阔叶林中地上，单生或群生。

利用保护： 可药用。LC

紫色秃马勃

龟裂秃马勃

别名： 浮雕秃马勃、龟裂马勃

拉丁学名： *Bovistella utriformis* (Bull.) Demoulin & Rebriev

所属科属： 马勃科 Lycoperdaceae 龟裂秃马勃属 *Lycoperdon*

形态特征： 子实体陀螺形，直径 5~9 厘米，高 7~11 厘米，幼白色，成熟后渐变为浅褐色。外包被常龟裂；内包被薄，顶部裂成碎片，露出青色的产孢体。基部不孕体大，并有一横膜与产孢体分隔开。

生态习性 夏、秋季多生于草原及林缘草地上。

利用保护： 幼时可食用，成熟后可药用。LC

龟裂秃马勃

光硬皮马勃

拉丁学名： *Scleroderma cepa* Pers.

所属科属： **硬皮马勃科** Sclerodermataceae **硬皮马勃属** *Scleroderma*

　　形态特征： 子实体近球形或扁球形，宽 1~5 厘米，无柄，由一团菌丝固定于地上。包被初白色，干后颇薄，土黄色、浅青褐色，后暗红褐色，光滑，有时顶端具细致斑纹。孢子深褐色或紫褐色，球形。

　　生态习性： 夏、秋季多生于林中地上。

　　利用保护： 幼时可食用，老后可药用。LC

光硬皮马勃

木生地星

拉丁学名： *Geastrum mirabile* Mont.

所属科属： **地星科** Geastraceae
地星属 *Geastrum*

　　形态特征： 菌蕾球形至倒卵形，高 2~5 厘米，直径 2~4 厘米。成熟后子实体状如盛开花朵，外包被基部袋形，上半部开裂，外侧乳白色至米黄色，内侧灰白色；内包被薄，灰白色。嘴部平滑，具光泽，圆锥形，色深。

　　生态习性： 夏、秋季多群生于阔叶林中腐树皮上。

　　利用保护： 食毒未明，慎食。LC

木生地星

袋形地星

拉丁学名： *Geastrum saccatum* Fr.

所属科属： 地星科 Geastraceae 地星属 *Geastrum*

形态特征： 菌蕾高 1~3 厘米，直径 1~3 厘米。外包被基部呈袋形，初期埋土中或半埋生，污白色至深褐色，有不规则皱纹、纵裂纹，并生有绒毛，成熟后开裂成 5~8 片瓣裂，张开时直径可达 5~7 厘米，肉质，较厚。内包被扁球形，深陷于外包被中，顶部呈喙状。

生态习性： 夏、秋季多生于阔叶林和针阔叶混交林中地上。

利用保护： 可药用。LC

袋形地星

尖顶地星

别名： 地星、土星菌、马勃

拉丁学名： *Geastrum triplex* Jungh.

所属科属： 地星科 Geastraceae 地星属 *Geastrum*

形态特征： 菌蕾初期扁球形，直径 1~4 厘米。外包被基部浅袋形，成熟时开裂成 5~7 瓣，裂片向外反卷，外表光滑，蛋壳色，内层肉质，干后变薄，栗褐色，中部易分离并脱落，仅留基部。内包被高 1~4 厘米，直径 1~3.5 厘米，近球形或卵形，顶部有喙或突起，色浅。

生态习性： 夏、秋季单生至散生于林中地上。

利用保护： 可药用。LC

尖顶地星

超短裙竹荪

拉丁学名： *Phallus ultraduplicatus* X. D. Yu, W. Lv, S. X. Lv, Xu H. Chen & Qin Wang

所属科属： 鬼笔科 Phallaceae 鬼笔属 *Phallus*

形态特征： 菌蕾初期呈圆球形，白色到淡棕色，高 1.5~2.5 厘米。具三层包被：外包被薄，光滑，灰白色或淡褐红色；中层包被胶质；内包被坚韧，肉质。成熟时包被裂开，菌柄将菌盖顶出。菌盖直径 3~4 厘米，着生在菌柄的顶部，喇叭形。菌柄高 6~11 厘米，粗 1~2 厘米，圆柱形，干燥，空心，带有较短脆弱的白色网状菌幕，犹如超短裙。

生态习性： 夏季多单生或散生于湿润、腐殖质丰富的林中地上。

利用保护： 可食用。LC

超短裙竹荪

纺锤三叉鬼笔

别名： 佛手菌

拉丁学名： *Pseudocolus fusiformis* (E. Fisch.) Lloyd

所属科属： 鬼笔科 Phallaceae 三叉鬼笔属 *Pseudocolus*

形态特征： 子实体下部是梭形短茎，灰白色，高 3~6 厘米。上部分为 3~4 个分支，垂直臂长 3~5 厘米，粗 1 厘米，淡橙色，表面海绵状，空心，有细袋。具臭味。

生态习性： 夏季多生于林中地上。

利用保护： 可药用。LC

纺锤三叉鬼笔

红鬼笔

别名： 深红鬼笔

拉丁学名： *Phallus rubicundus* (Bosc) Fr.

所属科属： 鬼笔科 Phallaceae 鬼笔属 *Phallus*

　　形态特征： 菌盖近钟形，盖高 1.5~3 厘米，宽 1~1.5 厘米，顶端平，有孔口，浅红至橘红色，有网纹格，表面有灰黑色恶臭的黏液。菌柄海绵状，长 9~19 厘米，粗 1~1.5 厘米，圆柱形，中空，上部橘红至深红色，下部淡至白色。菌托有弹性，白色，长 2.5~3 厘米，粗 1.5~2 厘米。

　　生态习性： 夏、秋季生于腐殖质丰富的林地、草场、房前屋后。

　　利用保护： 可药用。LC

红鬼笔

多孔菌

多孔菌子实体形态多样，有伞状、扇形、块状等多种形状，质地有肉质、半纤维质、革质、炭质和木栓质等，其共同特征是在菌盖下方有管孔状的繁殖结构。

灵　芝

拉丁学名： *Ganoderma lingzhi* Sheng H. Wu, Y. Cao & Y. C. Dai

所属科属：多孔菌科 Polyporaceae **灵芝属** *Ganoderma*

形态特征： 盖直径 5~20 厘米，厚 0.5~1 厘米，近扇形或半圆形，基部渐狭形成柄基，表面紫褐色、暗褐色至浅红褐色，有漆样光泽，凹凸不平，具显著的纵皱，形成大的皱褶，边缘不整齐，钝，有时重叠。菌肉明显分层，上层淡白色或木材色，接近菌管处常呈淡褐色或近褐色，厚 0.1~0.2 厘米。菌管褐色。菌柄侧生，直径 1~2 厘米，长 3~10 厘米，漆黑色或紫褐色。

生态习性： 多生于壳斗科等阔叶树木桩旁或根际地上。

利用保护： 可药用。NT

灵芝

杂色云芝

别名：彩绒革盖菌

拉丁学名： *Trametes versicolor* (L.) Lloyd

所属科属：多孔菌科 Polyporaceae **栓孔菌属** *Trametes*

　　形态特征： 子实体覆瓦状排列，长 1~10 厘米，半圆伞状，硬木质，深灰褐色，外缘有白色或浅褐色边。菌盖长有短毛，有环状棱纹和辐射状皱纹，盖下色浅，有细密管状孔洞。无柄。

　　生态习性： 生长于椴树、栎树等树木上。

　　利用保护： 可药用。LC

杂色云芝

粉残孔菌

拉丁学名： *Abortiporus biennis* (Bull.) Singer

所属科属：硬皮马勃科 Sclerodermataceae **残孔菌属** *Abortiporus*

　　形态特征： 子实体盖状或具侧生短柄，覆瓦状叠生，干后木栓质。菌盖扇形至圆形，单个菌盖外伸约 8 厘米，宽约 9 厘米，基部厚约 1 厘米，表面被细绒毛，干后灰黑褐色，边缘锐，干后内卷。孔口表面新鲜时浅黄色至酒红褐色，手触后变黑，干后浅灰褐色。菌肉异质，靠近菌盖部分浅咖啡色，海绵质，靠近菌管部分木栓质，浅木材色。

　　生态习性： 多生于栎、枫杨、苹果等阔叶树上或有腐木的地上。

　　利用保护： 可药用。LC

粉残孔菌

刺槐范氏孔菌

拉丁学名： *Vanderbylia robiniophila* (Murrill) B. K. Cui & Y. C. Dai

所属科属： 多孔菌科 Polyporaceae 范氏孔菌属 *Vanderbylia*

形态特征： 子实体多年生，覆瓦状叠生。菌盖直径5~15厘米，表面暗褐色至土褐色，边缘及背面乳黄色。革质至木栓质，无菌柄，生殖菌丝有锁状联合。

生态习性： 夏、秋季生于刺槐活立木、死树、倒木及树桩上，可引起木材的白色腐朽。

经济价值： 可药用。LC

刺槐范氏孔菌

白蜡范氏孔菌

拉丁学名： *Vanderbylia fraxinea* (Bull.) D. A. Reid

所属科属： 多孔菌科 Polyporaceae 范氏孔菌属 *Vanderbylia*

形态特征： 子实体覆瓦状叠生。菌盖直径8~16厘米，半背着生，木栓质，基部厚可达2厘米，表面红褐色或黄褐色，有宽的乳白色边缘，表面平滑或有不规则的突起，同心环带不明显，边缘锐或钝。孔口表面新鲜时奶油色，无折光反应。无柄。

生态习性： 秋季生于白蜡树、杨树、柳树等阔叶树根及树桩上，可引起木材的白色腐朽。

利用保护： 可药用。LC

白蜡范氏孔菌

毛栓菌

别名： 杨柳粗毛菌、杨柳白腐菌

拉丁学名： *Trametes hirsuta* (Wulfen) Lloyd

所属科属： 多孔菌科 Polyporaceae 栓孔菌属 *Trametes*

　　形态特征： 子实体一年生，无柄侧生，木栓质。菌盖宽 1.5~7.5 厘米，长 2~13.5 厘米，厚 0.5~2.5 厘米，半圆形，近薄片状，初密被黄白色、黄褐色或深栗褐色粗毛束，后褪为灰白色或浅灰褐色，有同心环带，边缘较薄而锐。菌肉白色、木材色至浅黄褐色，干时变轻，厚 0.2~1 厘米。

　　生态习性： 多生于杨、柳等活立木或木桩上。

　　利用保护： LC

毛栓菌

白耙齿菌

别名： 白囊孔、白囊耙齿菌

拉丁学名： *Irpex lacteus* (Fr.) Fr.

所属科属： 耙菌科 Irpicaceae 耙菌属 *Irpex*

　　形态特征： 菌盖半圆形，覆瓦状叠生，平伏至反卷，平伏时长可达 10 厘米，宽可达 5 厘米；表面乳白色至浅黄色，被细密绒毛；边缘与菌盖表面同色，干后内卷。子实层体奶油色至淡黄色。革质。

　　生态习性： 生于阔叶或针叶树的活立木、枯立木或倒木上，可引起木材的白色腐朽。

　　利用保护： 可药用。LC

白耙齿菌

魏氏集毛菌

拉丁学名：*Coltricia weii* Y. C. Dai

所属科属：锈革孔菌科 Hymenochaetaceae 集毛菌属 *Coltricia*

形态特征：菌盖圆形至漏斗形，直径 3 厘米左右，中部厚 0.2 厘米左右；表面锈褐色至暗褐色，有明显的同心环区；边缘薄，锐，撕裂状，干后内卷。孔口表面肉桂黄色至暗褐色，边缘薄，全缘至略呈撕裂状。菌肉暗褐色、革质，菌管棕土黄色。菌柄中生，暗褐色至黑褐色，长 1.5 厘米左右，粗 0.2 厘米左右，新鲜时革质，干后木栓质。

生态习性：春、夏季多生于阔叶林中地上。

利用保护：DD

魏氏集毛菌

冷杉附毛孔菌

别名：冷杉附毛菌

拉丁学名：*Trichaptum abietinum* (Pers. ex J. F. Gmel.) Ryvarden

所属科属：未定科 Incertae sedis 附毛孔菌属 *Trichaptum*

形态特征：菌盖半圆形或贝壳状，长 0.5~3.5 厘米，宽 1~4 厘米，厚 0.1~0.2 厘米；表面白色至灰色，有细软长毛及环纹，有时因有藻类附生而呈绿色；边缘薄，干后不规则内卷。菌肉白色至灰色，极薄。菌管常带紫色，渐褪为赭色或浅褐色，裂为齿状。平展至反卷，近革质。

生态习性：多生于松树等针叶树上。

利用保护：LC

冷杉附毛孔菌

烟管菌

别名：烟色多孔菌、黑管菌

拉丁学名： *Bjerkandera adusta* (Willd.) P. Karst.

所属科属：平革菌科

Phanerochaetaceae **烟管菌属**

Bjerkandera

形态特征： 菌盖半圆形，直径2~7厘米，厚0.1~0.6厘米；表面淡黄色、灰色到浅褐色，有绒毛，后脱落；近光滑或稍有粗糙，环纹不明显；边缘薄，波浪形，黑，下面无子实层。菌肉软革质，干后脆，纤维状，白色至灰色，很薄，菌管黑色。覆瓦状排列或连成片。

生态习性： 多生于杉树、桦树等伐桩、枯立木、倒木上。

利用保护： 可药用。LC

烟管菌

松孔迷孔菌

拉丁学名： *Porodaedalea pini* (Brot.) Murrill

所属科属：锈革孔菌科 Hymenochaetaceae **针层孔菌属** *Porodaedalea*

形态特征： 多年生，木质，无柄。菌盖马蹄形或扁平，宽3~15厘米；初期有红褐色胶状皮壳，渐角质化成灰色至黑色；有宽的棱带；边缘钝，有明显的同心环棱，初期近白色，后渐变咖啡色，下侧无子实层。

生态习性： 生于云杉、落叶松、松等针叶树活立木上，子实体从伤口、死节处长出。

利用保护： 可药用。DD

松孔迷孔菌

金丝趋木革菌

拉丁学名： *Xylobolus spectabilis* (Klotzsch) Boidin

所属科属： 韧革菌科 Stereaceae 趋木革菌属 *Xylobolus*

形态特征： 菌盖呈扇形，宽 2~4 厘米，半背着生，深裂，干后向内弯曲。表面黄褐色至红褐色，终至黑褐色，有光泽，有放射状细条线和环纹。腹面浅黄色，平滑，微粉状，伤后会渗出红褐色汁液。

生态习性： 夏、秋季多在阔叶树枯木上群生或丛生。

利用保护： LC

金丝趋木革菌

参 考 文 献

[1] 中国科学院中国植物志编辑委员会.中国植物志（第七卷）[M].北京：科学出版社，1978.

[2] 中国科学院中国植物志编辑委员会.中国植物志（第八卷）[M].北京：科学出版社，1992.

[3] 中国科学院中国植物志编辑委员会.中国植物志（第九卷，第二分册）[M].北京：科学出版社，2002.

[4] 中国科学院中国植物志编辑委员会.中国植物志（第九卷，第三分册）[M].北京：科学出版社，1987.

[5] 中国科学院中国植物志编辑委员会.中国植物志（第十卷，第一分册）[M].北京：科学出版社，1990.

[6] 中国科学院中国植物志编辑委员会.中国植物志（第十卷，第二分册）[M].北京：科学出版社，1992.

[7] 中国科学院中国植物志编辑委员会.中国植物志（第十一卷）[M].北京：科学出版社，2007.

[8] 中国科学院中国植物志编辑委员会.中国植物志（第十二卷）[M].北京：科学出版社，2000.

[9] 中国科学院中国植物志编辑委员会.中国植物志（第十三卷，第二分册）[M].北京：科学出版社，1979.

[10] 中国科学院中国植物志编辑委员会.中国植物志（第十三卷，第三分册）[M].北京：科学出版社，1997.

[11] 中国科学院中国植物志编辑委员会.中国植物志（第十四卷）[M].北京：科学出版社，1980.

[12] 中国科学院中国植物志编辑委员会.中国植物志（第十五卷）[M].北京：科学出版社，1978.

[13] 中国科学院中国植物志编辑委员会.中国植物志（第十六卷，第一分册）[M].北京：科学出版社，1985.

[14] 中国科学院中国植物志编辑委员会.中国植物志（第十七卷）[M].北京：科学出版社，

1999.

[15] 中国科学院中国植物志编辑委员会 . 中国植物志（第十八卷）[M]. 北京：科学出版社，
1999.

[16] 中国科学院中国植物志编辑委员会 . 中国植物志（第二十一卷）[M]. 北京：科学出版社，
1979.

[17] 中国科学院中国植物志编辑委员会 . 中国植物志（第二十二卷）[M]. 北京：科学出版社，
1998.

[18] 中国科学院中国植物志编辑委员会 . 中国植物志（第二十三卷，第一分册）[M]. 北京：
科学出版社， 1998.

[19] 中国科学院中国植物志编辑委员会 . 中国植物志（第二十三卷，第二分册）[M]. 北京：
科学出版社， 1995.

[20] 中国科学院中国植物志编辑委员会 . 中国植物志（第二十四卷）[M]. 北京：科学出版社，
1988.

[21] 中国科学院中国植物志编辑委员会 . 中国植物志（第二十五卷，第一分册）[M]. 北京：
科学出版社， 1998.

[22] 中国科学院中国植物志编辑委员会 . 中国植物志（第二十五卷，第二分册）[M]. 北京：
科学出版社， 1979.

[23] 中国科学院中国植物志编辑委员会 . 中国植物志（第二十六卷）[M]. 北京：科学出版社，
1996.

[24] 中国科学院中国植物志编辑委员会 . 中国植物志（第二十七卷）[M]. 北京：科学出版社，
1979.

[25] 中国科学院中国植物志编辑委员会 . 中国植物志（第二十八卷）[M]. 北京：科学出版社，
1980.

[26] 中国科学院中国植物志编辑委员会 . 中国植物志（第三十卷，第一分册）[M]. 北京：
科学出版社， 1996.

[27] 中国科学院中国植物志编辑委员会 . 中国植物志（第三十一卷）[M]. 北京：科学出版社，
1982.

[28] 中国科学院中国植物志编辑委员会 . 中国植物志（第三十二卷）[M]. 北京：科学出版社，
1999.

[29] 中国科学院中国植物志编辑委员会 . 中国植物志（第三十三卷）[M]. 北京：科学出版社，
1987.

[30] 中国科学院中国植物志编辑委员会 . 中国植物志（第三十四卷，第一分册）[M]. 北京：科学出版社， 1984.

[31] 中国科学院中国植物志编辑委员会 . 中国植物志（第三十五卷，第一分册）[M]. 北京：科学出版社， 1995.

[32] 中国科学院中国植物志编辑委员会 . 中国植物志（第三十五卷，第二分册）[M]. 北京：科学出版社， 1979.

[33] 中国科学院中国植物志编辑委员会 . 中国植物志（第三十六卷）[M]. 北京：科学出版社， 1974.

[34] 中国科学院中国植物志编辑委员会 . 中国植物志（第三十七卷）[M]. 北京：科学出版社， 1985.

[35] 中国科学院中国植物志编辑委员会 . 中国植物志（第三十九卷）[M]. 北京：科学出版社， 1988.

[36] 中国科学院中国植物志编辑委员会 . 中国植物志（第四十卷）[M]. 北京：科学出版社， 1994.

[37] 中国科学院中国植物志编辑委员会 . 中国植物志（第四十一卷）[M]. 北京：科学出版社， 1995.

[38] 中国科学院中国植物志编辑委员会 . 中国植物志（第四十二卷，第一分册）[M]. 北京：科学出版社， 1993.

[39] 中国科学院中国植物志编辑委员会 . 中国植物志（第四十二卷，第二分册）[M]. 北京：科学出版社， 1998.

[40] 中国科学院中国植物志编辑委员会 . 中国植物志（第四十三卷，第一分册）[M]. 北京：科学出版社， 1998.

[41] 中国科学院中国植物志编辑委员会 . 中国植物志（第四十三卷，第二分册）[M]. 北京：科学出版社， 1997.

[42] 中国科学院中国植物志编辑委员会 . 中国植物志（第四十三卷，第三分册）[M]. 北京：科学出版社， 1997.

[43] 中国科学院中国植物志编辑委员会 . 中国植物志（第四十四卷，第一分册）[M]. 北京：科学出版社， 1994.

[44] 中国科学院中国植物志编辑委员会 . 中国植物志（第四十四卷，第三分册）[M]. 北京：科学出版社， 1997.

[45] 中国科学院中国植物志编辑委员会 . 中国植物志（第四十五卷，第一分册）[M]. 北京：

科学出版社，1980.

[46] 中国科学院中国植物志编辑委员会. 中国植物志（第四十五卷，第三分册）[M]. 北京：科学出版社，1999.

[47] 中国科学院中国植物志编辑委员会. 中国植物志（第四十六卷）[M]. 北京：科学出版社，1981.

[48] 中国科学院中国植物志编辑委员会. 中国植物志（第四十七卷，第一分册）[M]. 北京：科学出版社，1985.

[49] 中国科学院中国植物志编辑委员会. 中国植物志（第四十八卷，第一分册）[M]. 北京：科学出版社，1982.

[50] 中国科学院中国植物志编辑委员会. 中国植物志（第四十八卷，第二分册）[M]. 北京：科学出版社，1998.

[51] 中国科学院中国植物志编辑委员会. 中国植物志（第四十九卷，第一分册）[M]. 北京：科学出版社，1989.

[52] 中国科学院中国植物志编辑委员会. 中国植物志（第四十九卷，第二分册）[M]. 北京：科学出版社，1984.

[53] 中国科学院中国植物志编辑委员会. 中国植物志（第五十卷，第二分册）[M]. 北京：科学出版社，1990.

[54] 中国科学院中国植物志编辑委员会. 中国植物志（第五十一卷）[M]. 北京：科学出版社，1991.

[55] 中国科学院中国植物志编辑委员会. 中国植物志（第五十二卷，第二分册）[M]. 北京：科学出版社，1983.

[56] 中国科学院中国植物志编辑委员会. 中国植物志（第五十三卷，第二分册）[M]. 北京：科学出版社，2000.

[57] 中国科学院中国植物志编辑委员会. 中国植物志（第五十四卷）[M]. 北京：科学出版社，1978.

[58] 中国科学院中国植物志编辑委员会. 中国植物志（第五十五卷，第一分册）[M]. 北京：科学出版社，1979.

[59] 中国科学院中国植物志编辑委员会. 中国植物志（第五十五卷，第二分册）[M]. 北京：科学出版社，1989.

[60] 中国科学院中国植物志编辑委员会. 中国植物志（第五十五卷，第三分册）[M]. 北京：科学出版社，1992.

[61] 中国科学院中国植物志编辑委员会 . 中国植物志（第五十七卷，第一分册）[M]. 北京：科学出版社，1999.

[62] 中国科学院中国植物志编辑委员会 . 中国植物志（第五十九卷，第一分册）[M]. 北京：科学出版社，1989.

[63] 中国科学院中国植物志编辑委员会 . 中国植物志（第六十卷，第一分册）[M]. 北京：科学出版社，1987.

[64] 中国科学院中国植物志编辑委员会 . 中国植物志（第六十卷，第二分册）[M]. 北京：科学出版社，1987.

[65] 中国科学院中国植物志编辑委员会 . 中国植物志（第六十一卷）[M]. 北京：科学出版社，1992.

[66] 中国科学院中国植物志编辑委员会 . 中国植物志（第六十三卷）[M]. 北京：科学出版社，1977.

[67] 中国科学院中国植物志编辑委员会 . 中国植物志（第六十四卷，第一分册）[M]. 北京：科学出版社，1979.

[68] 中国科学院中国植物志编辑委员会 . 中国植物志（第六十四卷，第二分册）[M]. 北京：科学出版社，1989.

[69] 中国科学院中国植物志编辑委员会 . 中国植物志（第六十五卷，第一分册）[M]. 北京：科学出版社，1982.

[70] 中国科学院中国植物志编辑委员会 . 中国植物志（第六十五卷，第二分册）[M]. 北京：科学出版社，1977.

[71] 中国科学院中国植物志编辑委员会 . 中国植物志（第六十六卷）[M]. 北京：科学出版社，1977.

[72] 中国科学院中国植物志编辑委员会 . 中国植物志（第六十七卷，第一分册）[M]. 北京：科学出版社，1978.

[73] 中国科学院中国植物志编辑委员会 . 中国植物志（第六十七卷，第二分册）[M]. 北京：科学出版社，1979.

[74] 中国科学院中国植物志编辑委员会 . 中国植物志（第七十卷）[M]. 北京：科学出版社，2002.

[75] 中国科学院中国植物志编辑委员会 . 中国植物志（第七十一卷，第二分册）[M]. 北京：科学出版社，1999.

[76] 中国科学院中国植物志编辑委员会 . 中国植物志（第七十二卷）[M]. 北京：科学出版社，

1988.

[77] 中国科学院中国植物志编辑委员会 . 中国植物志（第七十三卷，第一分册）[M]. 北京：科学出版社， 1986.

[78] 中国科学院中国植物志编辑委员会 . 中国植物志（第七十三卷，第二分册）[M]. 北京：科学出版社， 1983.

[79] 中国科学院中国植物志编辑委员会 . 中国植物志（第七十四卷）[M]. 北京：科学出版社，1985.

[80] 中国科学院中国植物志编辑委员会 . 中国植物志（第七十五卷）[M]. 北京：科学出版社，1979.

[81] 中国科学院中国植物志编辑委员会 . 中国植物志（第七十六卷，第一分册）[M]. 北京：科学出版社， 1983.

[82] 中国科学院中国植物志编辑委员会 . 中国植物志（第七十七卷，第一分册）[M]. 北京：科学出版社，1999.

[83] 中国科学院中国植物志编辑委员会 . 中国植物志（第七十八卷，第一分册）[M]. 北京：科学出版社，1987.

[84] 中国科学院中国植物志编辑委员会 . 中国植物志（第七十八卷，第二分册）[M]. 北京：科学出版社，1999.

[85] 中国科学院中国植物志编辑委员会 . 中国植物志（第七十九卷）[M]. 北京：科学出版社，1996.

[86] 中国科学院中国植物志编辑委员会 . 中国植物志（第八十卷，第一分册）[M]. 北京：科学出版社，1997.

[87] 中国科学院中国植物志编辑委员会 . 中国植物志（第八十卷，第二分册）[M]. 北京：科学出版社，1999.

[88] 陈汉斌，郑亦津，李法曾 . 山东植物志 (上卷)[M].1 版 . 青岛：青岛出版社，1992.

[89] 陈汉斌，郑亦津，李法曾 . 山东植物志 (下卷)[M].1 版 . 青岛：青岛出版社，1997.

[90] 李法曾 . 山东植物精要 [M]. 北京：科学出版社，2004.

[91] 李德珠 . 中国维管植物科属词典 . 北京：科学出版社，2018.

[92] 刘冰 . 中国常见植物野外识别手册（山东册）[M]. 北京：高等教育出版社，2009.

[93] 中国科学院中国动物志编辑委员会 . 中国动物志 [M]. 北京：科学出版社，2016.

[94] 郑光美 . 中国鸟类分类与分布名录 [M]. 北京：科学出版社，2017.

[95] 赛道建 . 山东鸟类志 [M]. 北京：科学出版社，2017.

[96] 卯晓岚. 中国大型真菌 [M]. 郑州：河南科学技术出版社，2000.

[97] 郭林. 中国真菌志（第五十九卷）[M]. 北京：科学出版社，2019.

[98] 卯晓岚. 中国经济真菌 [M]. 北京：科学出版社，1998.

[99] 武苏里，唐明. 中国经济真菌查询系统的研建 [J]. 西北林学院学报，2001，16(3)：80-82.

[100] 刘远超，胡惠萍，徐济责，等. 辽宁省浑河源自然保护区食药用菌资源调查 [J]. 微生物学杂志，2015，35(5)：53-60.

[101] 李玉，李泰辉，杨祝良，等. 中国大型菌物资源图鉴 [M]. 郑州：中原农民出版社，2015.

[102] 石书锋. 东北地区乳菇属（广义）的分类与资源评价 [D]. 长春：吉林农业大学，2018.

[103] 王和，徐康平，谭桂山. 乳菇属真菌研究概况 [J]. 中南药学，2018，16(4)：504-512.

[104] 张汉武，宋文霞. 甘肃常见毒蘑菇及其中毒类型 [J]. 食用菌，2017，39(4)：17-19，26.

[105] 戴玉成，图力古尔，崔宝凯，等. 中国药用真菌图志 [M]. 哈尔滨：东北林业大学出版社，2013.

[106] 张鑫. 红菇属—亚洲新记录种：蜡味红菇 [J]. 安徽农业科学，2014(10)：2843-2844，2854.

[107] 刘惠娜，陈新华. 广东梅州灰肉红菇子实体形态结构特征 [J]. 广东农业科学，2011，38(7)：140-143.

[108] 霍光华等. 江西大型真菌图鉴 [M]. 南昌：江西科学技术出版社，2020

[109] 戴玉成，周丽伟，杨祝良，等. 中国食用菌名录 [J]. 菌物学报，2010，29(1)：1-21.

[110] 杨祝良，吴刚，李艳春，等. 中国西南地区常见食用菌和毒菌 [M]. 北京：科学出版社，2021.

[111] 贺永喜. 贺兰山紫色丝膜菌的分布及生态研究 [J]. 中国食用菌，1997(3)：25.

[112] 戴玉成，杨祝良. 中国药用真菌名录及部分名称的修订 [J]. 菌物学报，2008，27(6)：24.

[113] 武苏里，唐明. 中国经济真菌查询系统的研建 [J]. 西北林学院学报，2001，16(3)：80-82.

[114] 于清华，周均亮，赵瑞琳. 蘑菇属中国新记录种：细丛卷毛柄蘑菇 [J]. 食用菌学报，

2014，21(1)：5.

[115] 图力古尔，王雪珊，张鹏 . 大小兴安岭地区伞菌和牛肝菌类区系 [J]. 生物多样性，2019(8)：6.

[116] 屈萍萍 . 天佛指山国家级自然保护区大型真菌分类研究 [D]. 长春：吉林农业大学，2011.

[117] 图力古尔，包海鹰，李玉 . 中国毒蘑菇名录 [J]. 菌物学报，2014，33(3)：32.

[118] 吴芳 . 木耳属的分类与系统发育研究 [D]. 北京：北京林业大学，2016.

[119] 叶建强，蓝桃菊，黄卓忠，等 . 不同来源毛木耳的农艺性状及其灰色关联度分析 [J]. 西南农业学报，2022，35(2)：310-318.

[120] 曾念开，蒋帅 . 海南鹦哥岭大型真菌图鉴 [M]. 海口：南海出版公司，2020.

[121] 周鑫 . 毛栓菌 27-1 对竹木质素和酚酸类化合物的降解及漆酶的提取纯化 [D]. 杭州：浙江农林大学，2021.